——微生物的前世今生

虞方伯　王李宝　李 洋 等　编著

中国农业出版社
北　京

图书在版编目（CIP）数据

“微”故事：微生物的前世今生 / 虞方伯等编著.
—北京：中国农业出版社，2019.3
ISBN 978-7-109-24361-3

Ⅰ. ①微…　Ⅱ. ①虞…　Ⅲ. ①微生物—普及读物
Ⅳ. ①Q939-49

中国版本图书馆CIP数据核字（2018）第159377号

中国农业出版社出版
（北京市朝阳区麦子店街18号楼）
（邮政编码 100125）
文字编辑　魏兆猛

中国农业出版社印刷厂印刷　　新华书店北京发行所发行
2019年3月第1版　　2019年3月北京第1次印刷

开本：700mm × 1000mm　1/16　　印张：12.25
字数：160千字
定价：49.80元
（凡本版图书出现印刷、装订错误，请向出版社发行部调换）

编 委 会

主　　编　虞方伯　王李宝

副 主 编　李　洋　管莉菠　沈　颖

编写人员　虞方伯　王李宝　李　洋　管莉菠
沈　颖　王　卉　唐　利　潘晓艺
李　伟　陈向东　龙　珍　李晓丹
钱光辉　徐大勇　周　斌　杨仁智
庞小博　许敬亮　张一强　薛丽娟
蒋莎莎　王锦表　汪伟宸　牛南乔
王玟月　虞雯媛

编写单位　浙江农林大学
江苏省海洋水产研究所
浙江省德清县林业局
南京农业大学
上海交通大学
浙江省淡水水产研究所

江苏省农业科学院植物保护研究所
中国药科大学
江苏省环境经济技术国际合作中心
江苏省中国科学院植物研究所
淮北师范大学
南京大学
江苏菇本堂生物科技股份有限公司
上海天嵩生物科技有限公司
中国科学院广州能源研究所
扬州大学
兰州树木园
浙江省温岭市环境综合整治工作委员会
浙江省春晖中学
甘肃省兰州市第三十五中学
江苏省南通市崇川学校
浙江省青山湖科技城育才小学

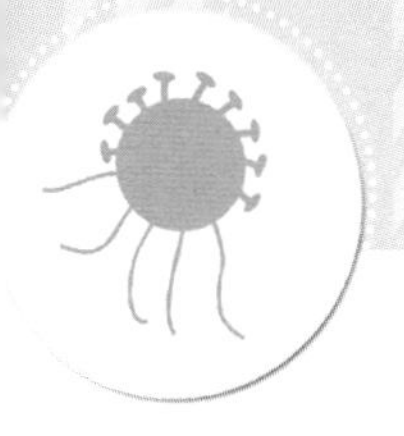
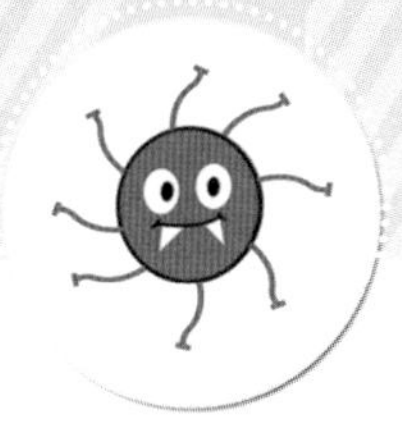

前言

读者朋友们，你们好！经过二十多位老师和同学的共同努力，《“微”故事——微生物的前世今生》一书终于出版了！编者们的心情可以说是既激动又惶恐。激动的是，这本书从最初编者们擦出创作火花，到组织编委会和内容设定，再到编写、修改、校对等，倾注了大家太多太多的心血。实事求是地讲，所有编者都是十分热爱微生物的。没有热情，何谈创作？这本书的诞生，了却了大家的一个心愿，让我们觉得做了些什么。惶恐的是，尽管在编写时对人员进行了优化配置，对内容也是咬文嚼字、斟酌再三，但是读者们喜不喜欢，内容是深了还是浅了，会不会有的内容已有新的进展而编者们不知道，会不会有谬误……

为了写好这本书，编者们结合各自实际，查阅了大量资料，并在“参考文献”部分列出，但也存在个别重要资料出处未加罗列的可能，特致以诚挚的歉意！为了能够使内容生动有趣，更好地为读者所理解，编者们不仅辅以大量图片，还特邀小学、初中、高中和大学的老师和同学们为内容“把脉”，吸收她们的建议。希望读者能在收获知识的同时，轻松、自在，如沐春风。

成书过程中，也有资深人士提出能否找到一条主线，将所有的故事“串”起来。但微生物“变化多端”，本书中的几十个故事涉及多个领域。大家商议后，决定“物以群分”，将67个故事按照各自领域、类别，分别归入吾名微生物、微生物学大咖、饮食中的门道、可怖的微生物、微生物与农业、微生物与环境、脑洞大开七个版块。希望读者朋友们能在了解微生物特点、获悉微生物学史上著名人物及其事迹之后，逐步了解其在各领域的作用、妙处，树立正确的微生物认知观，并最后自由畅想、憧憬美好“微”世界……

万分感谢在本书编写过程中给予了支持和帮助的师长、领导、朋友和同学们，你们的支持使得本书更加精致，谢谢大家！由于编者们水平有限、实践不足，加上微生物学尚处在快速发展之中，书中错误、疏漏之处敬请读者包涵、指正。

衷心希望读者朋友们能够喜爱这本书，读好这本书。你们的认可，是对编者们最大的鼓励与褒奖。如果本书能将您引上“微生物”之路，那将是编者们的无上荣光。

最后，微生物学的发展急需大量新鲜血液的不断注入，莫愁前路无知己，天下谁人不识“菌”，欢迎你们，共勉之！

虞方伯

2018年6月

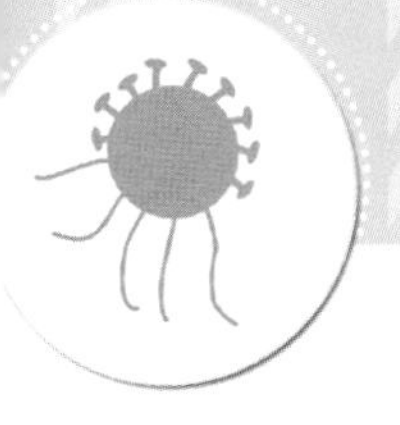

目录

饮食中的门道

可怖的微生物

微生物与农业

微生物与环境

脑洞大开

吾名微生物

1 微生物，地球之主

前两天送女儿上幼儿园，女儿一路上蹦蹦跳跳，突然很兴奋地问我：“爸爸，昨天老师告诉了我们谁是森林之王，你知道是谁不？”我拉着女儿的小手，反问她：“这个当然知道了，但你知道谁是地球的大王吗？”这个机灵的小家伙转了转眼珠，胸有成竹地回答：“那肯定是蓝鲸了，它是世界上已知的最大哺乳动物。”我知道她昨晚刚刚看了 CCTV-9 的《自然传奇》节目，这会儿是在现学现卖。可是，我还是告诉她：“亲爱的，不是蓝鲸，真正的大王是我们眼睛看不到的微生物。”女儿皱了皱小眉头，很是疑惑地进了幼儿园，还不时回头看看我。

其实，人们平时所说的微生物一般被认为是肉眼不可见，抑或是看不清楚的微小生物的统称，诸如病毒、真菌、藻类、细菌，以及小型原生生物等都被囊括其中。国内外的教科书通常将微生物进一步细分为八类，即：病毒、真菌、细菌、放线菌、螺旋体、衣原体、支原体和立克次氏体，但实际上一些肉眼可见的大型真菌（如蘑菇）也是微生物，意想不到吧。

2013 年年底外语教学与研究出版社出版的《谁是地球的下一个主宰》一书较为全面系统地解答了本集故事开头提出的那个问题——谁是地球的主宰？当人们以地球主人翁姿态自豪地翻开此书开始阅读后，里面的一个个“猛料”不断对阅读者进行着“头脑风暴”。这本书将《科学美国人》这一全球顶级科普杂志有关微生物的经典文章汇集成篇，通过一系列的陈述论证，最终揭晓了微生物无论从空间还是时间上来说都是地球绝对主宰者的事实。2016 年，纽约大学的微生物学教授马丁·布莱泽（现任该校人类微生物组计划负责人）在其所撰写的《消失的微生物》一书中也言及微生物作为地球主宰的客观事实。

从空间维度上来讲，微生物占据了陆地、天空和水体的各个角落，参与了绝大多数的生命化学反应，构建起了食物链最为关键的底层基础。同时，由于其自身所具有的繁殖快、适应能力强，以及代谢途径多样等特点，使得其不仅散布于世界各地，而且还是在数量和质量上呈绝对优势的那种遍及分布。曾经有科学家报道称：微生物在每升海水中的数量是以 10 亿计的。换言之，即便是中国这个世界第一人口大国，其人口总数也要逊于 2 升海水中的微生物数量，而全世界人口之和也只不过是区区 6 升海水中的微生物个数。事实上，如果能够把这个星球上的所有微生物都包含在内，那它们的数量之和将远超其他肉眼可见生命体（包含昆虫、鸟类、哺乳动物以及花草树木等）的总和。

微生物可谓地球上存在最为久远的生命形式。至今，据科学家估算地球已经历了约 45 亿个春秋。起初，它是一块没有任何生命迹象的灼热熔岩。随后

（约 10 亿年后），在原始海洋中首次出现了可以自由活动的细胞，而这些可以自我衍生的细胞就是最为原始的微生物，它们在随后的 30 亿年历史长河之中都是地球上存在的唯一生命形式。它们很孤单，但是它们拒绝平庸。它们“前赴后继”地为生物圈做贡献，努力为多细胞生命的衍生创造适宜条件。它们不仅制造了多数生物呼吸所必需的氧气，还肥沃了土壤，构建了海洋和陆地生态系统所赖以依存的食物网基础，等等。目前认为，人类出现在这颗行星上的历史不超过 300 万年，如果将地球过去几十亿年生命史缩至 24 小时，那么人类的原始前身大概出现在午夜前的 47 ~ 96 秒，而灵长类智人的“亮相”时间则仅仅是 24 点前的 2 秒钟。由此可见，在时间维度上微生物也是稳操胜券。

尽管，创造了灿烂文明和拥有巨大科技力量的我们拥有改造世界和左右其他生命形式存在与否的能力。但是，生命的进化仍在继续，道路依旧漫长，甚至有一天人们可能会发现自己并不是进化的终点。微生物作为地球的主宰，是名副其实地存在，理应受到人们的重视和尊重，而人类在充分发掘和利用微生物这一宝贵资源的同时，对这个世界更应抱有一颗感恩且畏惧的心。

2 百变星君——微生物

2017 年 4 月的某天，网上传来杨洁导演离世的消息，作为 70 后的我不禁为之扼腕。对于许多人来说“杨洁”这个名字或许很陌生，但要是讲起 86 版《西游记》恐怕无人不知，无人不晓。这部承载了许多 70 后、80 后儿时美好记忆的连续剧一直是各个寒暑假期的霸屏者，也成为几代人心中的经典。女儿看孙悟空腾云驾雾时的表情也像我儿时那样兴奋，也喜欢挥舞着小棒扮大圣。每每问起女儿，你最喜欢孙大圣哪里啊？女儿总是脱口而出“七十二变，七十二变”。

作为一名从事微生物学研究的科研人员，说到变化多端，我心里的第一选择实际上是给微生物的。它们变化多端，是自然界中真正的“百变星君”。翻开任意一本微生物教科书都可以发现，微生物首先包含了原核类的细菌、蓝细菌、放线菌、立克次氏体、衣原体和支原体等，其次真核类（具备完整的细胞核）的真菌、藻类和原生动物也在其列，最后甚至连不具细胞形态的非细胞类病毒、亚病毒也囊括其中。当然，有关微生物的研究并未穷尽，还在深入，而微生物的范畴也在不断扩展。正是由于微生物涵盖了如此之多的类别、种属，其复杂性和多样性令人为之惊叹。接下来，本文将着重从原核微生物、真核微生物和病毒三个方面介绍微生物的众生百态。

原核生物（由原核细胞组成的生物）中的细菌形态通常可分为三大类：杆菌、球菌和螺形菌。杆菌顾名思义就是杆状细菌，虽然它们都呈杆状，但在长短、粗细和大小等方面有不小的差异。大一点的杆菌（如炭疽芽孢杆菌），3 ~ 10 微米长，宽度在 1.2 微米左右，而像布鲁氏菌这样的小杆菌长度仅有 0.6 ~ 1.5 微米，连炭疽芽孢杆菌的“腰身”都不如，宽度更是仅有 0.6 微米左右。分类学家根据杆菌的形态，又将其细分成分枝杆菌、球杆菌、棒状杆菌和链杆菌等。说完了杆菌，再来看看球菌。球菌的直径大多在 1 微米左右，球状或近球状（如肾形、豆形和矛头形）。根据其在繁殖时的分裂平面和排列方式等差异，可将其细分为：链球菌（一个平面上分裂，子细胞呈链状排列，如溶血性链球菌）、单球菌、双球菌（一个平面上分裂，后对称排列，如脑膜炎奈瑟菌）、四联球菌、八叠球菌（三个相互垂直平面上分裂，子细胞叠放呈立方体，如尿素八叠球菌）和葡萄球菌（多个不规则平面上分裂，子细胞呈葡萄状粘连，如金黄色葡萄球菌）。最后，来了解一下螺形菌。螺形菌通常可分为弧菌和螺菌，弧菌较短（2 ~ 3 微米），呈弧状或逗点状，而螺菌有 3 ~ 6 微米长，菌体有多个弯曲，如固氮螺菌就是螺菌的典型代表。

以真菌为代表的真核微生物因其构成（有单细胞和多细胞之分）和繁殖方式（有无性繁殖和有性繁殖之分）等存在显著差异，其形态更是千差万别。单从形体来看，小点的真菌需要通过显微镜方能看到，而大型真菌则肉眼可见。人们平日里喜食的蘑菇就是一大类子实体（高等真菌的产孢子结构，即果实体）呈肉质或胶质的大型真菌，它们的种类可不少，如平菇、金针菇、口蘑、鸡腿菇、蟹味菇、牛肝菌、松茸和木耳等，都在其列。它们是那么的多样，外形、颜色、质感和口感等都不同，相信品尝过的朋友一定有所感悟。目前，仅仅是毒蘑菇全世界就发现了 260 多种，其中有 200 种左右存在于我国。

病毒作为没有细胞结构的微生物，个体最为微小，多数需要借助电子显

微镜方能一窥真容。已知个体最大的痘病毒大小仅为（170 ~ 260）纳米 ×（300 ~ 450）纳米，而最小的双联病毒直径则约为 19 纳米。参照病毒的结构形态可将其分为以下常见几类：二十面体对称类（大部分动物病毒）、螺旋对称类（很多植物病毒属于此类）和复合对称类（如噬菌体病毒）等。

需要说明的是，微生物形态会随着所处环境的酸碱度、温度、培养时间和养分等的变化而变化，即便是同一株细菌，在不同条件下也可能呈现多种形态。比如，芽孢杆菌在不良环境条件下，易形成芽孢，一端发生膨大，而条件适宜时，便恢复杆状。放眼这多姿多彩的大千世界，不同的环境造就了不同的微生物，而微生物反过来又影响着环境。微生物这位“百变星君”，妙用无穷，是真正的“聚宝盆”。人们在感慨之余，应当更好、更合理地对其加以开发和利用，造福人类。

3 生命宝库——微生物基因组

微生物的长相千差万别，就“身材”而言，有球状、弧状、杆状、棒状、树枝状……就“外貌”而言，有的光溜溜，有的拖着几条会旋转的螺旋桨，还有的长着毛毛……那么，是什么决定了这些特征呢？

其实，微生物的差异是由其体内蕴藏着的基因组所决定的。细菌和真菌的基因组由双股、环状脱氧核糖核酸（DNA）组成，而病毒的基因组构成则更为复杂，既有单股或双股DNA组成的，也有单正股、单负股或双股RNA组成的。除了外貌和形状，微生物的其他特性也是由各自的基因组决定的。例如，利用乳酸菌进行酸奶发酵，就是因为它的基因组中含有能够编码使糖类发酵产生乳酸的基因簇（若干基因的集合）。早在2008年，内蒙古农业大学乳品生物技术与工程教育部重点实验室就完成了对益生乳酸菌的全基因组测序，为后续优质基因资源的发掘打下了坚实基础。

人类历史上获得的第一套全基因组序列来自一种病毒——φX 174噬菌体，其整个基因组由5 386个核苷酸组成，呈单链、环状排布。φX 174噬菌体整个基因组共计包含11个基因，其中编码的8个蛋白质是该病毒维持结构所必需的。φX 174噬菌体专门寄生大肠杆菌，通过将自身的DNA注入大肠杆菌体内，利用宿主代谢系统，通过DNA复制、转录和翻译等步骤，获得全部组装配件。随后，再进行新噬菌体的装配，并最终“杀死”、破开大肠杆菌这一可怜的宿主，完成释放。一个φX 174噬菌体，完成一次“侵略”便可获得二百多个新的个体！

掌握了微生物的全基因组信息有何用途呢？将其用于疾病防控和疫苗研制就是很好的范例。由于微生物基因组里蕴藏着它们的所有信息，若能成功破解致病细菌的基因组，便能从中揭晓其致病的秘密。科学家于1995年第一次对人类致病细菌嗜血流感杆菌（拉丁学名：*Haemophilus influenzae*）进行了全基因组测序，并获得了细菌的第一幅全基因组图谱。虽然嗜血流感杆菌能够引发人类的菌血病症和急性细菌性脑膜炎，但是只有披着荚膜（细菌的一种附属物）的它才是致病的。因为，有了荚膜它才能够抵抗无（或低）免疫力人群细胞的吞噬作用，进而不触发补体（一种蛋白质）介导的裂解。有了它的全基因组信息，就可查找以负责荚膜形成基因为代表的相关致病基因，选择药物、研发高针对性的诊断试剂和防治疫苗。目前，我国已有多种基因工程疫苗问世，包括乙肝基因工程亚单位疫苗、霍乱基因工程亚单位疫苗、肺炎链球菌基因工程亚单位疫苗，以及流脑基因工程亚单位疫苗等。此外，通过分析微生物基因组，还能够对某些不可体外培养的致病微生物进行耐药性分析和敏感治疗药物筛选。毫不夸张地说，微生物基因组测序已经彻底改变了人类知晓细菌发病机理的模式，而对诸如专性细胞内寄生细菌和不能在体外培养的微生物而言，基因组测序更是近乎成为发现毒力基因的唯一途径。

随着基因组测序技术的快速发展，测序成本正在按照类似摩尔定律的曲线下降（摩尔定律：价格不变前提下，电脑性能每隔 18 ~ 24 个月就可提升一倍），大规模、多物种测序的时代已经到来。人类通过解析微生物基因组，必将洞悉微生物的“五脏六腑”，进而充分利用有益微生物资源，严格控制有害微生物，将前进的方向盘牢牢把握在自己手中。

微生物社交法则——群体感应

这是一个全民社交的年代，大家见面，添加一下微信号，相互间的联系立马建立。我给你跟帖，你为我点赞，彼此既能感应到对方的存在，还有互动的种种乐趣。而在微生物界，过去人们都很同情这些不能说话也没有表情包的小可怜们，诺贝尔奖得主 Francois Jacob 甚至在其 1970 年出版的书里这样描述心中的细菌世界："一个无趣的、没有性别之分、没有激素、没有神经系统的世界，只有不断繁殖着的个体。"

三十多年前，海洋深处的一种小动物忽然成为科学家们研究的新宠。它叫夏威夷短尾乌贼，只有人类一根手指那么大，但是它有一项神奇的本领——身体会发光。科学家研究后发现，其实并不是这种小乌贼自己发光，而是住在乌贼体内的细菌在发光。费氏弧菌是和夏威夷短尾乌贼共生的一种细菌，它们住在乌贼腹部的发光器中，借助乌贼的营养生长，回馈以这种发光技能，帮助小乌贼在月朗星稀的夜晚保持和周围环境同样的亮度，藏匿自己躲避捕食者。更为有趣的是，这些细菌并不是一直发光的，只有当发光器中的细菌达到一定浓度时才开始发光。

它们是如何知道周围已经有足够数量的同伴的呢？原来每个细菌都可以向周围环境释放少量信号分子，随着细菌数量的增加，环境中信号分子的浓度也逐渐升高，当浓度达到一定阈值时，细菌体内特定的受体蛋白便会与之结合，并开启或抑制相应基因的表达，进而让体系中所有细菌步调一致地完成同一件事，比如上述的集体发光就是一例。哈哈，细菌不仅能交流，而且还能做众筹啊！这种能力的发现让人类又一次对这些小不点们刮目相看，原先以为只有高等动物才能实现的群体行为，细菌竟然可以做到在准备不足的时候按兵不动，条件一旦成熟便振臂一呼，八方响应。

1993 年的感恩节，美国康奈尔大学微生物学教授 Stephen C. Winans 家中亲朋好友欢聚一堂。Stephen C. Winans 那时正在以根癌农杆菌为实验材料，研究细菌的这种信号交流能力（图 1）。他那做律师的小舅子在努力理解了姐夫的科研工作后，觉得细菌的这种“以群体数量决定某一特定功能”的工作方式很像人类社会中在一些重大事件决策时要求必须超过法定人数（quorum）的规则。自此，细菌的这种能力拥有了正式的名字——群体感应（Quorum Sensing，QS）。

图 1　接受表彰时的 Stephen C. Winans 教授（右一）

慢慢地，人们发现很多现象都和群体感应相关，比如细菌在牙菌膜积聚造成牙周病、生物发光（图 2）、孢子生成、病原细菌感染过程中分泌毒素，以及根瘤菌固氮结瘤等。群体感应大大提升了微生物在环境中的生存概率，帮助细菌有组织、有战术地完成生活周期。以铜绿假单胞菌为例，它是医院中最不受欢迎的病原菌之一，常引发感染。群体感应系统不仅可以调控铜绿

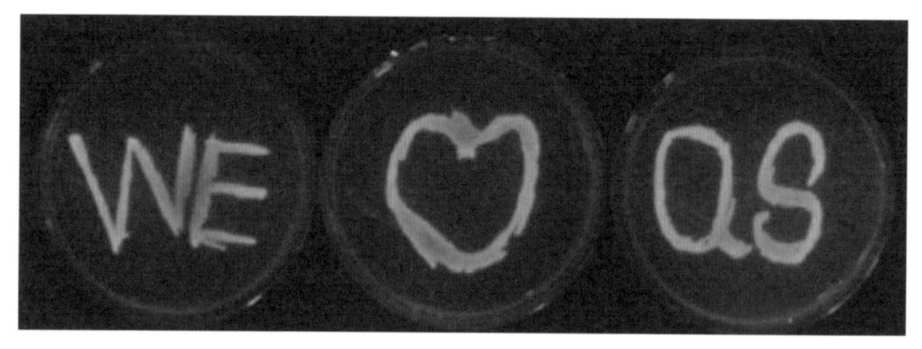

图 2　南京农业大学朱军教授课题组拍摄的群体感应发光细菌平板

假单胞菌的毒力因子分泌，还可以帮助铜绿假单胞菌打造一个具有3D结构的细菌“小城堡”，当它们聚集在这个名曰生物膜的“小城堡”内时，其抵抗抗生素和杀菌剂的能力会较“单独行动”的同伴提升成百上千倍！正是如此，一旦这些细菌漏网侥幸存活，便会造成更为严重的感染。

微生物的复杂程度远远超出人们的想象，它们既然可以借助群体感应进行交流，那么它们一定拥有交流所需的“语言”，而所谓的语言，其实就是它们所分泌的信号分子。目前，已知至少存在结构完全不同的三大“语种”，而同一“语种”之下根据碳链长度等结构差异又可细分出多种“方言”。另外，除了三大“语种”，还存在若干小“语种”。有些细菌更是“巧舌如簧”，精通多种语言！微生物们借此相互竞争、排除异已，比如金黄色葡萄球菌能讲四种“方言”，讲某一特定“方言”的那派要是“人数”占优，便会压制其他派系，阻止它们表达毒力因子。哈哈，是不是有一种以多欺少的感觉呀？

群体感应调控的生理行为中有些是有益的，但也有不少病原菌会借此危害人类和动植物健康。过去我们主要利用抗生素来应对病原菌，现在既然已掌握了部分微生物的“语言”，那么利用群体感应实施反击的时机已然成熟。科研人员通过破坏、干扰细菌感受信号分子等方法（quorum quenching），将微生物变成失去听觉和不能说话的“聋子”和“哑巴”，从而破坏群体感应网络。目前，已有公司从事群体感应破坏药物的开发。或许，不久的将来人们不必再为抗生素滥用而苦恼，而是可以通过平静、不杀戮、仅干扰的方式保障人类和作物健康、促进农业生产，这样该有多么的和谐呀！

5 微生物离体培养利器——培养基

别看微生物个子小，可它们也是生命体，“一日三餐”不可或缺。那么科研人员在研究微生物的过程中，是怎样“饲喂”这些小不点的呢？接下来，让我们一探究竟。

说起微生物的离体培养，就不得不提“细菌学之父”德国人罗伯特·科赫（Robert Koch）。中肯评价，他对微生物学的贡献是十分巨大的。1880年，当时科赫已转到柏林帝国医院工作。但这一时期，他对细菌学的研究不仅没有放下，反而在研究方法上实现了创新。在以往的研究中，人们均采用液体培养基培养细菌。然而，七七八八的细菌混合生长在一起，对其进行分离培养几乎是不可完成的任务。而善于思考和发现的科赫，则是在一次偶然之中发明了可凝固体培养基。当时，他将明胶混入了以土豆消煮液为主要原料的液体培养基中，然后将其倒在一块玻璃板上，待冷凝之后，一层固体培养基便出现在了玻璃板表面，光滑、细腻（看起来有点像果冻布丁）。后来在他人建议下，科赫又以材料性质更佳的琼脂替代明胶，使得固体培养基在常温下也能完好保持形态，并一直沿用至今。可不要小看科赫的这一发明，它在微生物学史上具有里程碑意义。在此基础上，科赫创立了固体培养基划线分离纯种微生物法。不同种类的细菌个体可在固体培养基上定点生长，并通过连续的分裂繁殖在其上形成一个个大小、形态和颜色各异的菌落（微生物的一种聚集形态）。某一菌落的所有细菌必定源自同一先祖，从种属分类角度来看是纯的。有了这些菌落，科学家们可以根据各自的研究目的，非常方便地将其转移到其他培养基、生物体或物品之上。科赫运用他所创立的这一方法，首次实现了炭疽杆菌的分离和培养。之后，他又发现和分离了结核杆菌，并认定这一微生物是引发结核病的病原体。1882年3月下旬的某一天，他将自己关于结核杆菌的研究在柏林生理协会举办的会议上进行了宣讲，获得了与会者的一致认可和赞同，而他当天的举措也载入了人类医学史。科赫利用纯培养法成功地否定了当时关于微生物形态变化多端的错误认识，但他坚信微生物形态固定不变的想法，也是有时代局限性的。

培养基英文名为medium，它是人工配置的养料集合，一般包含微量元素、碳源、氮源、生长因子（如氨基酸、维生素、抗生素和血清等）和水等成分。不同的培养基配置原料不同，使用方法更是各异（图3）。根据不同的分类标准，可将培养基分成若干种类：①化学分类。天然培养基（以化学成分不明的天然物质配制而成的培养基，如人体血浆）、组合培养基（如基础无机盐培养基）和半组合培养基（如马铃薯蔗糖培养基）。②物理分类。固体培养基、半固体培养基、液体培养基和脱水培养基。③微生物分类。细菌培养基（如牛肉膏蛋白胨培养基）、放线菌培养基（如高氏一号）、微藻培养基（如BG-11培养基）和真菌培养基（如马铃薯蔗糖培养基）等。④功能分类。选择性培养基（可使混合菌群中的目的微生物成为优势菌，如酵母菌富集培养基）和鉴别培养基（用于特定微生物鉴别，如伊红美蓝培养基）。

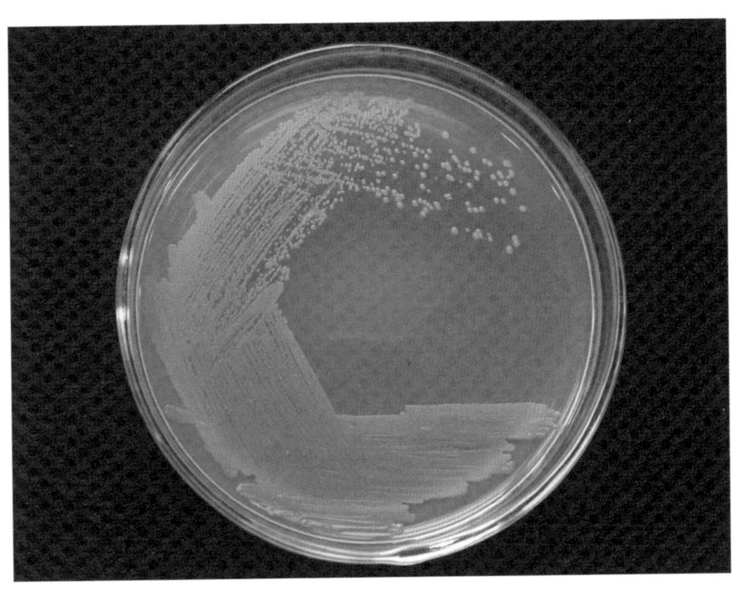

图3　生长于基础无机盐培养基上的 *Exiguobacterium* 属细菌

介绍完了分类，下面来了解一下培养基的配置原则。第一，要选择适合的配置原料（浓度和比例要恰当）。不同种类的微生物各自营养需求不同，要根据其特点进行有针对性的配置。例如，自养微生物能够自己合成有机物，其培养基组分就可完全由简单无机物组成。第二，注意控制酸碱度（pH）。一般而言，细菌培养基偏碱性（pH大于7），真菌培养基偏酸性。另外，一些培养基中还有两性电解质或缓冲对存在，具备一定的缓冲能力。第三，氧化还原电位要合适。通常好氧微生物氧化还原值（F 值）在 +0.1 伏以上，而厌氧微生物 F 值小于 +0.1 伏。第四，原料成本。所取原料应价廉、易得，这一点在用量颇大的工业发酵领域尤为重要。第五，灭菌与存放。培养基配置完成后，要严格灭菌，以防污染杂菌。灭菌后的培养基最好立刻使用，如无法立即使用的应于避光、防潮和阴凉处存放。

林林总总介绍了这么多，有条件的读者朋友们可以试着动手制作培养基，并体验一下“饲养”微生物的乐趣，会很有成就感的呦。

6 微生物工作者也有艺术范儿

提起微生物，可能很多人会将“奇妙”“高深”和“难以捉摸”等词汇与之相关联。而说到微生物工作者，人们脑海中更是会较多地浮现刻板、认死理和缺乏生活情趣等形象。然而，他们要是搞起艺术来，也会令人刮目相看、脑洞大开的。

（1）“琼脂杯”艺术大赛

在固体琼脂平板上划线是微生物工作者的必备技能，忙碌之余，用微生物在琼脂平板上画个画儿，是他们独特的放松方式。不满足于自娱自乐，这不，美国微生物学会就发起举办了微生物培养皿艺术大赛——“琼脂杯”艺术大赛。英雄帖一经发出，世界各地的微生物工作者们便按捺不住他们的艺术之心，纷纷摩拳擦掌、热烈响应。培养基配起来，培养皿准备好，琼脂平板当画布，微生物们来集合……

许多种类的微生物能够产生色素，而这些可产色素的微生物们就成为了微生物画师们的绘图工具。显然，它们并不听话，在琼脂平板上作画的难度可想而知。这些微生物艺术作品不仅难得，想要仿制更是近乎不可能，这可是只有微生物工作者们才能享受的乐趣哦。

（2）细菌冲印术

微生物学家扎卡里·柯普菲（Zachary Copfer）可谓有着很高的艺术造诣，他创造了一种名曰“细菌冲印术”（bacteriography）的艺术形式。他通过这种形式，冲印出了包括毕加索、达尔文、爱因斯坦和达·芬奇等世界著名艺术家和科学家在内的诸多“微生物肖像画”。接下来，就让我们一起了解一下具体的制作过程。首先，在长宽均为 24 厘米的培养皿底部涂布黏质沙雷氏菌（拉丁学名：*Serratia marcescens*）。随后，将肖像照片放置其上，进行辐射。

由于照片会遮挡射线，故其下的黏质沙雷氏菌能够正常生长。当生长到一定时期后，培养皿上便会出现与照片肖像相类似的形象。紧接着，再对整个培养皿进行辐射杀菌处理，并用透明的丙烯树脂将作品覆盖、固定，一副肖像画就冲印完成了。

（3）中国药科大学的微生物艺术

在琼脂平板上写字、画画是中国药科大学（简称“药大”）微生物学教研室的传统。老师们在本科教学过程中集思广益，积极发挥各自的艺术才能，寓教于乐，极大地提升了同学们的学习兴趣和主观能动性。图 4 和图 5 就是他们和同学们制作的艺术作品“彼岸花”和“数码小狗”，挺棒吧。

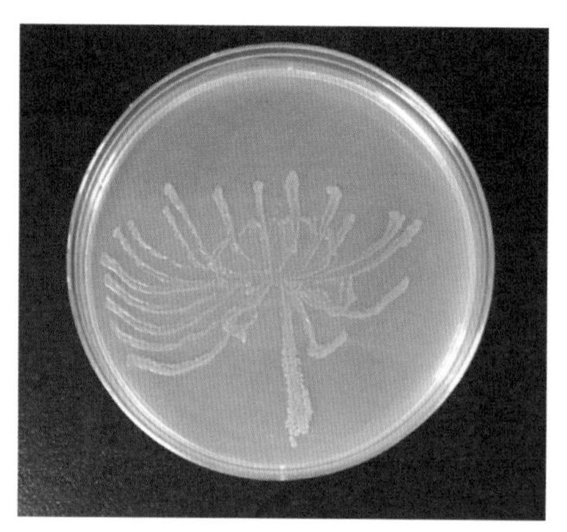

图 4　酵母菌制作的彼岸花

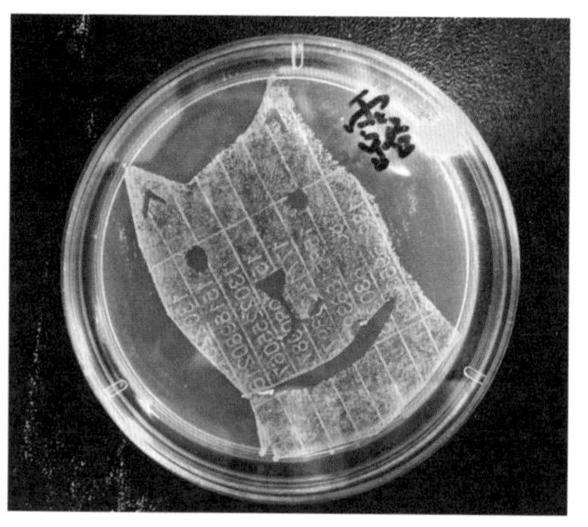

图 5　刘露同学用细菌制作的数码小狗

2016 年，中国药科大学建校八十周年之际，微生物学教研室陈向东老师决定立足专业特色，为校庆奉上一份特殊贺礼。她以药大华诞为主题，将微生物实验技术与传统剪纸艺术相融合，打造新型“艺术细菌”试验，并组织学生开展竞赛。此外，为了兼顾安全性和艺术性，她还特地挑选了藤黄八叠球菌和金黄色葡萄球菌为供试菌株。老师事事躬亲，同学们也唯有热烈响应了。他们纷纷发挥自身想象力和艺术创造力，将细菌书写和紫外消毒技术结合运用，制作了药大 Logo、“精业济群”（药大校训）、生日蛋糕、小天鹅、巨龙腾飞等多个艺术图案（图 6）。作品一经亮相便惊艳众人，迅速在师生中传播开来。在中国药科大学 2016 年的毕业晚会上，艺术细菌作品更是震撼登场，令全场惊叹不已（图 7）。毕业多年的药大校友们纷纷转发、转述，部分“艺术细菌”作品还被全国多家主流媒体所播报，药大官网、网易、新华网等网站也为此进行了专题报道。2016 年年底中国药科大学还承办了首届全国药学实验技能大赛，“艺术细菌”作为药大学生实验技能成果向全国八十多个兄弟院校进行了展示。

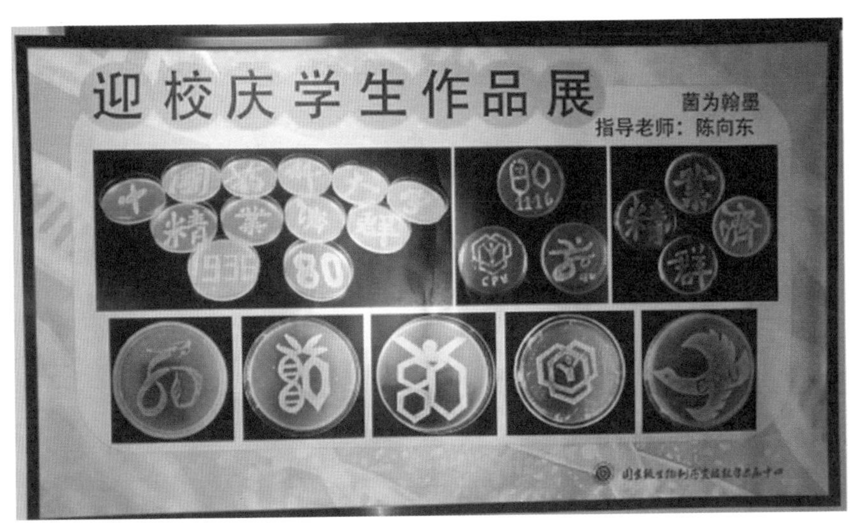

图 6　中国药科大学八十周年校庆作品展

图 7　中国药科大学 2016 年毕业晚会上的艺术细菌

图 8　药在镜湖风景（细菌版画）

然而，药大微生物人并没有止步于此。陈老师随后又带领张晶鑫等同学经过反复摸索和试验，将“艺术细菌”同我国传统版画艺术相结合，首创“细菌版画”这一新颖艺术形式。图 8 就是她们创作的细菌版画——药大镜湖风景，校友徐旭东还特意赋诗一首：“圣手丹青应叹服，药科才子意创殊。养培菌液挥文墨，倾注琼脂构画图。杏苑书香须细品，镜湖鸿鹄莫相辜。济群尚待能精业，沧海横流好悬壶。”

微生物工作者就是这样的有范儿，就是那么的有才情雅趣，读者朋友们如果也想同他们一样，那就快快加入其中吧。

7 微生物保藏“三板斧”

微生物功能五花八门，性状优异者多如繁星。对研究微生物的科研人员而言，掌握特定菌株（由单细胞繁衍而成的纯种群体及其后代）是一切工作开展的先决条件。获得具备一定功能的菌株不容易，获得性状优异者更是可遇而不可求的。许多从事微生物研究的机构，其中有不少冰箱是带锁的。锁什么？不是昂贵的试剂，也不是舟车劳顿方才获得的野外样品，锁的其实就是菌株，是菌种资源。资源是宝贵的，微生物资源更是如此。微生物保藏（又称菌种保藏）简单而言就是利用一切条件和资源，对微生物活体（或其休眠体）进行有效保存，使其不变、不衰、不死。

作为微生物研究和应用的重中之重，菌种保藏历来备受关注。目前，各类保藏方法已不下三十种。诸如试管（平板）传代培养法、硅胶干燥法、液体石蜡法、麸皮法、无菌蒸馏水法、冷冻干燥法和沙土管法等，均是常用的微生物简易保藏手段。这些方法大体上可归入以下四类，干燥法、传代法、冷冻法和组合法，其奏效的关键就是围绕温度、湿度和氧含量做文章。换句话说，低温、干燥和无（缺）氧就是微生物保藏屡试不爽的“三板斧”。“三板斧”的合理运用，不仅能够降低微生物的新陈代谢速率，延长其“寿命”，还能够减少变异发生，最终实现菌种优质保藏。接下来，通过介绍两种常规菌种保藏方法，让读者朋友们对此有个大致了解。

试管传代培养法：将菌种转接到适宜的固体培养基上，待长出菌落后，以橡胶塞（或棉塞）、牛皮纸和皮筋（或线绳）的组合将试管收拢、扎紧，放入4℃的冰箱中保藏（家用冰箱冷藏功能即可）。根据不同保藏对象类别，一定周期后，重新转接保藏物于新鲜配制的固体培养基上，再重复以上步骤。一般而言，放线菌和霉菌的转接周期在三个月左右（三个月转接一次），细菌和酵母菌则分别为一个月和两个月。试管传代培养法是使用频率最高的菌种保藏方法，具有操作简便，仪器、场地依赖性小，以及成本低廉等优势。另外，通过运用该法，还能查验被保藏物是否污染、变异和死亡。然而，同其他实施条件更为严苛的保藏方法相比，该法易发生菌体变异，且感染杂菌的风险会随传代次数的增加而增大，故多限于微生物常规保藏之用。

冷冻干燥法：被保藏物于 -70℃快速冷冻（添加保护剂），减压、升华，去除水分（真空干燥），然后于低温条件下（-70℃）保藏。该法兼具低温、干燥、缺氧三要素，效果优异，适于绝大多数微生物（丝状真菌除外）长期保藏之用。

实际上，无论选用哪种方法进行菌种保藏，都要依被保藏物特性而定，人为创造条件，使其长期处于活性态或休眠态。下面从六个方面讲述能左右菌种保藏效果的要素：①菌种质量。被保藏物应于最适条件下保藏，健壮、生命力强，或是以诸如芽孢和孢子等休眠体形式存在。特别需要强调的是，进行冷冻干燥的细菌悬液浓度要高，否则保藏期和质量均会受到影响。②保护剂。选择保护剂至关重要，一般而言，"命贱"的菌种对保护剂要求不严格，而"金贵"的菌种却要求苛刻。例如，某些菌种若以脱脂牛奶为保护剂，其死亡率会高达99.99%。③干燥速率。数据证实，快速干燥存活率不如慢速干燥。以青霉为例，3 小时干燥存活率不足 60%，而 6 小时的存活率近 70%。④空气（或氧气）。这一点在冷冻干燥相关保藏法中尤为重要，越是接近真空状态，保藏效果越好。⑤温度。同上述几个要素相比，温度对菌种保藏的影响没那么大，但也不可忽视。据测算，一些微生物的常温保藏存活率仅是其在 4℃条件下保藏存活率的一半。⑥水分含量。水分含量对于菌种保藏而言也非常重要，过高、过低都不行，一般应将其控制在 1% ~ 3%。

从全球范围来看，现有菌种保藏机构已逾 600 家。其中最为著名的分别是 1925 年成立的美国典型菌种保藏中心（最大、最多，且多为模式菌株），1969 年成立的德国微生物菌种保藏中心（现为欧洲最大规模的生物资源中心），1904 年成立的荷兰微生物菌种保藏中心（半政府性质，以真菌保藏为主），英国国家菌种保藏中心，日本技术评价研究所生物资源中心，以及美国农业研究菌种保藏中心。另外，早在 1970 年 8 月举行的第十届国际微生物学代表大会之上，澳大利亚昆士兰大学微生物系便被确立为资料中心，负责全世界菌种保藏机构相关信息的汇总，该中心还于 1972 年出版了《世界菌种保藏名录》。

在我国，最具影响力的菌种保藏中心当数成立于 1979 年的中国普通微生物菌种保藏管理中心（北京）。该中心 1985 年被国家知识产权局指定为我国专利微生物保藏中心，后经世界知识产权组织授权（1995 年），具备布达佩斯条约国际保藏机构资质。2010 年，又成为我国首个 ISO9001 质量管理体系认证保藏中心。目前，该中心保藏的各类微生物已超五千种。真心希望该中心能够健康、快速成长，早日与美国典型菌种保藏中心和德国微生物菌种保藏中心比肩。

低温

干燥

无（缺）氧

8 如何练就鉴别微生物的火眼金睛

每日晨间进餐时浏览新闻一直是笔者的一个习惯，今天一则新浪网转发英国《每日电讯报》的新闻很快吸引住了眼球。英国卫生部近日发出安全警报，称耐药性耳道假丝酵母菌已在英国的 55 家医院蔓延，超 200 人被其感染。有关耳道假丝酵母菌的报道首现于 2009 年，当时研究人员从日本一名老年女性外耳道分泌物中将其分离出。之后，该“超级病菌”迅速在全球范围蔓延开来。研究数据显示，一旦感染该病菌，病患的死亡率高达 60%。更令人忧心的是，关于其致死机理至今尚未探明。不过，令人稍感欣慰的是，此次该病菌现身不久，人们便将其身份锁定。那么，问题来了，鉴别微生物的火眼金睛如何练就？

17 世纪后半叶，列文虎克出色的工作为人们叩开了微观世界的大门，19 世纪中叶 DNA 双螺旋结构的发现更是标志着微生物学研究进入了分子生物学阶段。正是得益于传统和现代微生物研究方法与技术的完美融合，人们才能甄别种类繁多的微生物。接下来，就对主要的微生物鉴定和分类方法进行概述，以飨读者。

传统的微生物学鉴定与分类主要是建立在形态学、血清学和免疫学等基础之上发展而来的。实际上，这也和人们了解微生物的先后顺序有关。在获得一个微生物的纯培养物之后，最容易开展的便是形态学方面的研究，如菌落形态和菌体形态。由于分裂方式、繁衍速率和代谢类型等因素均会对微生物的菌落和菌体形态产生影响，且不同种类的微生物间会存在较大的差异，故将其作为主要分类依据是恰当的。血清学和免疫学鉴定则是更为细致的分类识别方法，并具有操作简便和结果准确、可靠等优点。此外，在微生物培养基中加入特异性抗体、酶促和（或）荧光反应底物等，还可令培养物的鉴定更为全面，更具说服力。这些均与其特征性组分和生理生化反应等有着紧密的关联，而这也成为生理生化反应与电子计算机技术相结合开发出的微生物自动鉴定系统的理论与现实基础。

作为传统微生物分类鉴定方法的有益补充与完善，近年来越来越多的分子生物学研究手段被引入其中。常用的分子生物学鉴定和分类方法主要有：核酸序列分析、核酸杂交、（G+C）摩尔百分含量测定，以及分子标记等。核酸序列分析是指通过获取目的微生物的 DNA（脱氧核糖核酸）序列，再将其与现有数据库中的已知序列进行对比分析，以此来明确其分类地位的一类技术手段。当前，已有逾 2 500 种的 16S rDNA 序列被报道，且 16S rRNA 基因易于获取并具有较强的序列保守性，对其进行对比分析并用于细菌种属鉴定成为了实验室中的优选方法。核酸杂交技术应用也十分普遍，其中又以 DNA-DNA 杂交技术范围最为广泛，70% 的已知菌株鉴定都涉及该项技术。此外，其他还包括斑点杂交、RNA/DNA 印迹，以及原位杂交等。核酸杂交技术的最大特点就是通过已知片段的碱基序列来研究微生物种属类别，或“钓出”目的序列。DNA 的（G+C）摩尔百分含量是微生物的特征数值，该数值的测定可用作微生物分类鉴定之用，且所占权重较大。当然，微生物世界无奇不有，（G+C）摩尔百分含量相同或相近的微生物也并非一定同种或同属，需要结合其他测试结果而定。最后，简单介绍下分子标记技术。此类技术涉及方法可谓多多，较为常用的包括：随机扩增多态性 DNA（Randomly Amplified Polymorphic DNA，RAPD）分析，扩增片段长度多态性（Amplified Restriction Fragment Polymorphism，AFLP）分析，以及限制性片段长度多态性（Restriction Fragment Length Polymorphism，RFLP）分析等，多用作微生物种群分析之用。

当前，学科交叉研究之势日盛，交叉之处往往“火星”四溅，成果斐然。在光电技术、信息技术和制造水平飞速发展的当代，越来越多的光谱、质谱和色谱等技术被用于微生物分类鉴定之中。比如：傅里叶变换红外光谱（Fourier Transform Infrared，FT-IR）可用于测定微生物中脂质、糖和蛋白质等的含量与结构，进而用于微生物鉴定；基质辅助激光解析电离——飞行时间质谱（Matrix-Assisted Laser Desorption/Ionization Time-of-Flight Mass Spectrometry，MALDI-TOF-MS）用于特征蛋白质研究，弥补了不可分型微生物难以鉴定的缺陷；气相色谱仪可用于研究不同微生物的特征代谢产物及其代谢过程；利用变性高效液相色谱仪（Denaturing High Performance Liquid Chromatography，DHPLC）对微生物进行鉴定和检测也已广泛用于临床诊断、基因突变检测和药物筛选等领域。

诚然，以分子生物学技术为代表的诸多现代研究方法和分析手段为人们快速鉴定和分类微生物提供了便捷，结果也更准，效率也更高，但传统微生物分类鉴定方法并非已经可以摒弃。抛开软硬件条件限制不讲，单从结果的系统性、准确性和权威性而言，将二者结合运用更为恰当，使各自结果互为补充、互为论证。也唯有如此，方能真正练就火眼金睛，笑对微生物之七十二变。

9 革兰氏染色法

微生物课上老师讲到细菌分类标准时问大家：同学们，如果以我们自身为例，评判性别的标准是什么呢?

甲同学：从外貌就能区分，像头发长短、个子高低和身材外形等都可以的。

老师：现在有的男的头发比女同志还长，不光长，还打卷；说到高矮，女性比男性高也不是什么新鲜事儿；再有一些男的看身材，比女性还“柔美”，论服饰比女性还花哨，有的甚至还要喷上点香水。所以，你说的恐怕行不通。

乙同学：专业点儿讲，还是要看第二性特征，比如喉结和胡须。

老师：但是，不少男性喉结也不显现，没胡须的男性也大把大把的。

学霸同学：要看染色体的，带 Y 的就是男性。

……

面对活跃的课堂气氛，老师适时点评说：还是学霸厉害，一锤定音。但是，轮到微生物情况就要变化了。首先，微生物同动物不同，不能以雌雄进行区分。其次，微生物种类之多，远超人们的预期。有种说法是，现在人类发现的微生物种类之和，可能仅仅是自然界全部微生物种类的 1% ~ 10%，只是沧海一粟。随后，话锋一转，引出了此次课程的重点——细菌分类研究中最为常用的革兰氏染色法。

革兰氏染色法于 1884 年由丹麦的革兰氏（全名：汉斯・克里斯蒂安・约阿希姆・革兰氏，享年 85 岁）医生所创立，是众多鉴别细菌方法之中应用最为广泛的一种染色法。不同种属的细菌，会呈现紫色和红色两种染色结果。染色结果为紫色的，称之为革兰氏阳性菌，而红色的就是革兰氏阴性菌了。这里的阴阳，与通常人们所说的雌雄、男女及公母的意义不同，仅仅是细菌分类上的一个指标（“阳性”译自英文 positive，“阴性”译自英文 negative）。实际上，将其称之为革兰氏染色阳 / 阴性反应细菌更为妥当。

有了以上概念后，再来了解一下革兰氏染色的实验步骤和方法原理。整个流程包含四个步骤，依次为初染 → 媒染 → 脱色 → 复染。初染所用试剂主要是草酸铵结晶紫（呈紫色），媒染要用到碘液，常用脱色剂为95%的酒精溶液（纯乙醇不行），而复染则涉及番红或沙黄（二者皆为红色燃料）染液。整个实验的关键环节为第三步（脱色），其中酒精洗脱时间的长短更是重中之重。革兰氏染色法之所以能够将细菌进行区分，是利用了各自细胞壁构成上的差异。一般而言，阳性细菌同阴性细菌相比，其细胞壁更显厚实，脂含量低，透性屏障（肽聚糖层）厚且胶联度高。细菌经初染和媒染之后，其细胞壁中便会出现结晶紫与碘的复合物，而这种复合物是水不溶性的。到了脱色步骤，阳性细菌遇到酒精时因其细胞壁厚实，肽聚糖层紧实，且脂含量低，上述复合物会嵌留在细胞壁内，并因此使菌体呈紫色（实为紫中带红，图9）。与之相对，阴性细菌遇到脱色剂后，水不溶性复合物会出现洗脱现象（此时菌体为无色），后经复染，菌体便被染为红色了（图10）。

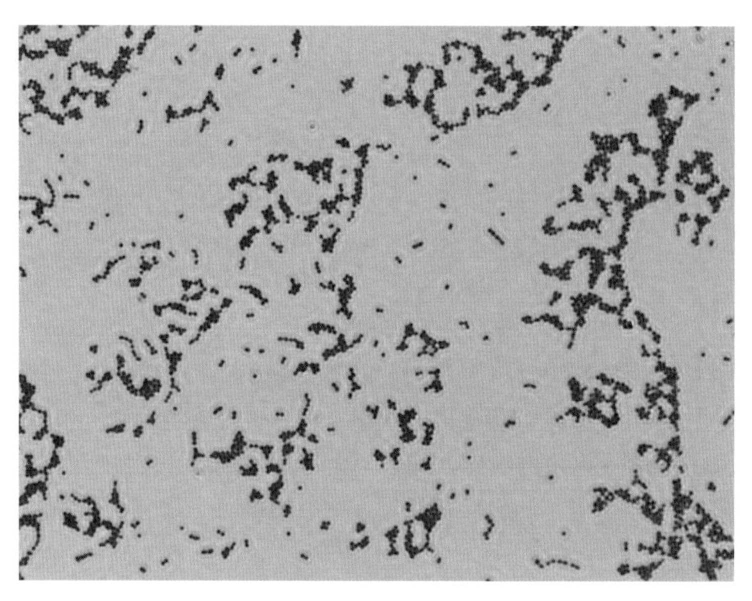

图9　革兰氏阳性细菌显微照（无乳链球菌）

一般而言，有芽孢（一种细菌休眠体）的杆菌和绝大多数球菌，以及所有的放线菌都属革兰氏阳性细菌，而弧菌、螺旋体，以及大多数致病且无芽孢的杆菌则多为革兰氏阴性细菌。人们常听闻的阳性细菌主要有芽孢杆菌、葡萄球菌、炭疽杆菌、肺炎双球菌和链球菌等，而阴性细菌则包括大肠杆菌、假单胞菌、伤寒杆菌、霍乱弧菌、绿脓杆菌、痢疾杆菌和百日咳杆菌等。从医学角度来看，大多数革兰氏阳性细菌都对青霉素敏感，而革阴性细菌则对氯霉素和链霉素等抗生素敏感，对青霉素不敏感。由此可知，革兰氏染色法不仅局限于细菌分类之用，在抗生素选用和研发等活动中也是有用武之地的。

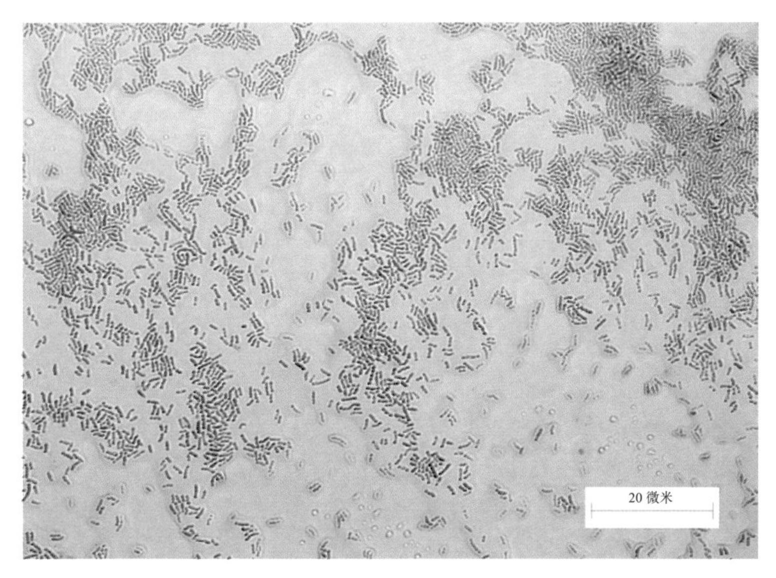

图 10　革兰氏阴性细菌显微照（人苍白杆菌）

10 巴斯德拯救法国葡萄酿酒业

巴斯德（Louis Pasteur，1822—1895）对于现代微生物学的重要性，就如同牛顿对于现代物理学的重要性一样。他在科学史上的发现和贡献无与伦比，且均与人们的日常生活息息相关，对人类文明史的发展也有着积极的推动作用。巴斯德作为法国著名的微生物学家和化学家，不仅提出了蚕病、鸡瘟病、炭疽病和狂犬病的医治方法与对策，还发明了巴斯德灭菌法，建立起了外科手术的消毒制度，创立了动物和人体病原学研究中的细菌学说。其研究成果为工业微生物和医学微生物的建立奠定了良好基础，是微生物生理学的鼻祖，更被后人誉为“微生物学之父”。

据法国媒体报道的统计数据，2015 年全球葡萄酒贸易额增长 10.6%，达到 283 亿欧元。法国作为世界上最大的葡萄酒出口国，其国际市场份额高达 29%。在许多国人心中，葡萄酒更是法国的又一代名词。然而，有多少人知道作为世界上最负盛名且历史悠久的葡萄酒产地，法国整个葡萄酿酒业曾在 1856 年遭受过一场近乎灭顶的无妄之灾。

一般来说，葡萄酒越陈味道就越发醇美，但在贮存过程中腐败变酸的情况时有发生。另外，葡萄汁的发酵程度也难于掌控，想要酿出优质、味美的葡萄酒，经验和运气同等重要，缺一不可！ 1856 年，很多法国酒坊的葡萄酒出现了一两天内全部变酸的情况，在蒙受巨大经济损失的同时，业主们饱受困扰和折磨。

葡萄酒酸化问题使得整个法国的酿酒业奄奄一息，国民经济不堪其苦，甚至连皇帝拿破仑三世也为此寝食难安。最后，拿破仑三世诚邀巴斯德出山，盼其能够快速解决这一棘手问题。巴斯德领命后，通过显微镜反复比较了酸化和未酸化的葡萄酒。结果发现，变酸的酒中存在大量细菌。于是，他很自然地将这些细菌同葡萄酒酸败关联了起来。经过进一步的研究，他发现不同种类的微生物会对酒质产生不同的影响，而葡萄酒变酸实际上是由一种灰白色的杆状微生物作祟所引发的，他将其称作乳酸杆菌。发现了问题的根源，接下来就要将其解决。然而，在当时的技术条件下，既想杀灭此类细菌又要保证葡萄酒的口感，谈何容易！巴斯德先后尝试了冷藏和冷冻的方法，但均以失败告终。最后，他只能寄希望于高温灭菌。起初，他将葡萄酒倒入密封的容器内加热至沸腾，细菌是彻底杀灭了，但葡萄酒的味道也发生了变化，难以入口。类似的尝试不知进行了多少次，但那种刺鼻的气味始终未能有效去除。一时间，巴斯德的研究陷入了困境。

突然有一天，他的一位朋友因急事找他。巴斯德碍于情面只能放下手头正在进行的实验，匆忙离去。离开之前，他叮嘱助手琼斯：将酒加热后要仔细品尝……几个小时后，当巴斯德再次返回实验室时，发现给酒加热的火炉

竟然是熄灭的。原来，他的助手忘记了给火炉添燃料。巴斯德很无奈，但就当他准备重新加热之际，忽然闻到房间里有股甜甜的味道，而这种气味是前所未有的！随即，巴斯德仔细品尝了葡萄酒，发现这一没有彻底煮沸的葡萄酒竟然不苦涩，反倒是多出了一丝甜意。这一意外的发现令巴斯德欢欣雀跃，兴奋不已。接下来，通过又一波不懈尝试和努力，巴斯德对比了不同加热温度对杀菌和酒品的影响。最终，明确加热至55℃、保持30分钟是最为适宜的。这一条件作用下，不仅能杀死造成葡萄酒酸化的细菌，还很好地保留了葡萄酒的风味，甜度也很适中。这一方法便是后来闻名于世的"巴氏消毒法"，经后人改进，该方法现被广泛应用于啤酒、牛奶，以及血清蛋白等液体的快速灭菌。以牛奶为例，当前世界上通用的巴氏消毒法有两种：其一，将牛奶加热至62 ~ 65℃，保持30分钟（灭菌效率大于97%）；其二，将牛奶加热至75 ~ 90℃，维持15 ~ 16秒。

就这样，巴斯德完成了钦命，拯救了法国的葡萄酿酒业，使得人们今天能够尽情享用这一佳酿。但大家也都看到了，他的成功绝非偶然，是其坚定的信念支撑着他挺过一次又一次的失败，克服一个又一个的难题。他曾经说过：信念是一条绳子，与你内心的呼召成为一个和谐的关系。人们应当谨记这一箴言，跨越时空与其共勉！

11 巴斯德与免疫

盛夏之际亦是狂犬病高发期，最近，笔者还在报纸上看到一则狂犬病致死报道。心有余悸之时，不由想起了人工免疫的奠基人——路易斯·巴斯德。这位伟大的科学家对我们而言，可谓是既陌生又熟悉。要是找一位朋友说说他的事迹，估计十有八九讲不出。但是，像平日超市中牛奶和啤酒等饮料食品包装上标注的“巴氏消毒”，其中的“巴氏”指的就是他。巴斯德是19世纪法国最负盛名的有机化学家和微生物学家，在免疫学、发酵学、结晶学，以及病原菌学等方面做出过杰出贡献，被公认为19世纪最伟大的科学家之一，后人更是将其誉为“微生物学之父”。在他熠熠生辉的一生中，凭借着自身的刻苦、天分和不懈努力，创造了一个又一个令人瞩目的成就。

1860年（第二次鸦片战争之际），巴斯德便以其精巧设计的曲颈瓶实验成功地否定了微生物自然发生学说。至今，在食品工业中仍广泛运用的巴斯德灭菌法便是其在这一时期的重要成果。此外，他曾给出过一个“革命性”的观点——发酵是酵母繁殖的结果，还提出“微生物是有机物变质腐败的根源”。同期，巴斯德彻底打开了一个新的世界，属于微生物们的世界，并由此奠定了其在微生物学史上的地位。

之后，先是于1865年开始着手研究蚕病，再到后来制成鸡霍乱疫苗、炭疽疫苗和狂犬病疫苗，他一路走来，留下的都是实实在在的福音。他通过控制（减弱并稳定）相应病原毒力，叩开了疫苗研制大门，其价值可与爱德华·詹纳（Edward Jenner）使用牛痘预防天花相媲美，免疫学基础也因此而奠定。实际上，在其研制鸡霍乱疫苗的过程中，还有个有趣的小插曲——刚开始他们认为将菌苗反复培养几代，菌株毒性便会降低。然而，事与愿违，试验结果同预期存在一定差距。给鸡注射培养过多代的疫苗，鸡仍会快速发病死亡。1879年，巴斯德及其助手劳克斯决定外出度假，一切工作等回来后再做计划。但不曾料想，他们出发前未曾处理完的试验材料在两个月后给了他们惊喜。假期结束后，巴斯德偶然发现实验室的一角还有未处理的样品，用来接种后发现，毒性减弱了！后又经多次验证，证实这种“老化病菌培养法”确实可用于病菌减毒，巴斯德和他的同事们借此成功获取了鸡霍乱的减毒苗，也就是现在常说的减毒活疫苗（病原体经甲醛处理后，毒性亚单位的结构发生改变，毒性减弱，但结合亚单位的活性保持不变，是一类保持抗原性的疫苗）。其实，现在预防结核病的卡介苗也是减毒活疫苗的一种。

当然，巴斯德在免疫学上最显赫的功绩还是要数战胜狂犬病。狂犬病潜伏周期不一，从最短的六天，到漫长的三四十年不等。即便放眼当代，对其医治也决不可有任何懈怠。而在巴斯德所处的那个年代，狂犬病更是一种极为可怕的病毒性疾病（当时并不知道狂犬病是病毒病）。人或动物一旦被疯狗咬伤，等待他们的唯有死神降临。1884 年起，巴斯德开始着手狂犬病的作用机理和预防接种研究。他不仅发现狂犬病病毒要较细菌小得多，还找到了狂犬病病毒的载体——疯狗脑髓。在那个时期，科学技术还

路易斯·巴斯德（Louis Pasteur，1821—1895），
法国人，被后世誉为“微生物学之父”。

无法实现病毒的分离和人工离体培养。巴斯德通过不懈的努力，终于发明了兔脑传代和干燥减毒的方法。将干燥的延髓（延脑）敲碎，再经纯水稀释，最早的狂犬病疫苗就这样诞生了。用这种疫苗给狗接种，然后使用毒力更强的狂犬病病毒接种，狗未发生死亡，成功获取了免疫力！随后，巴斯德还将该疫苗用于人体，并成功治愈了被疯狗咬伤的病患。

巴斯德曾说：科学是没有国界的，因为它是属于全人类的财富，是照亮世界的火把，但学者是属于祖国的。所有的科研工作者们都应秉承其精神，对真理坚持不懈、孜孜以求，以严谨和认真的科学态度为祖国和全人类的科研事业扎实奉献，无悔人生！

12 科赫与科赫法则

罗伯特·科赫（Robert Koch），微生物学史上的著名大家。他的名字德国人民不会忘记，微生物学工作者不会忘记，全世界人民也永远不会忘记。科赫于1843年冬季出生在德国，1866年毕业于哥廷根大学医学院。毕业后，他在汉堡的一家精神病院实习过一段时间，后在东普鲁士一个小镇里当起了医生。科赫心思细腻，严于律己，肯于钻研，一生成就颇多，被后人誉为“细菌学之父”。他的研究使得千万条生命得以挽救，对后世微生物学和免疫学等的发展也有着极为深远的影响。下面通过几则事件，让我们管中窥豹，对其功绩进行回顾。

科赫在东普鲁士小镇从医期间，正好赶上这里炭疽病暴发。面对这一可怕疫情，他镇定从容，认真做起了研究。起初，他在牛的脾脏中发现了炭疽病的“可疑元凶”（一种细菌）。随后，他将这种细菌转接到了老鼠身上。于是，老鼠生病了，并开始相互传染。最后，他又从老鼠身上得到致病菌，并发现其同牛脾脏中出现的疑似“元凶”是同一种细菌。至此，炭疽病的病原得以确认，而这也是人类医学史上第一次以科学方法证实某一微生物是特定疫病病原菌的尝试，开创了先河。此外，科赫不仅发现了“元凶”，还实现了其在体外的培养，这项工作也有着非凡的意义。

自1880年科赫到首都柏林皇家卫生局工作起，此后的二十年时间里他不停奔波于国内外，去过印度、埃及，以及南非等多个地方，为解除当地人民的疾苦做出了巨大贡献。1883年的埃及，霍乱出现并迅速暴发，人们笼罩在死亡阴影之中。德国政府在接到救援请求后，派出了多支救援医护工作队，其中的一支就是由科赫牵头负责的。抵达疫区后，他们略作调整便开始紧张又令人恐惧的尸检。一个多月后，正当科赫发现若干病原影踪之际，这场霍乱戛然而止。虽然疫情依然存在，但已不呈暴发传播之态。严谨的科赫当然不会止步于此，他申请并获批去霍乱的始发地印度继续调研。在那里有了更好的工作条件作支撑，他潜心寻找霍乱的根源。终于在检查了数十具病尸后，发现了一种呈半月状（弧状）且个体微小的细菌。这种细菌在死者的身上和肠道中都有存在，但在健康人体上却难觅踪影。有了这一重要线索，科赫开始四处搜寻，并在当地的井水中再次找到了这种病菌，而它正是后世“恶名昭著”的霍乱弧菌。科赫通过不断呼吁、请愿终于说服了政府，更为严格的卫生条例得以颁布，疫情也由此得以有效控制。

1896 年，当科赫得知南非发生牛瘟，且致死率高达 90% 时，他火速前往开普敦。不久，他就找到了提升牲畜免疫力的方法，从着手工作到疫情可控，仅仅历时三个月。后经估算，采用科赫所提免疫方法可挽救 95% 的牛，仅在好望角一处便有两百万头牛获救。

……

提及科赫，又怎能不说其所创制的科赫法则呢。这一法则可谓病原微生物鉴定的“圣旨”，是后续病原微生物学研究方法建立的基础，其具体内容为：第一，病原微生物必然存在于患病者体内，不应出现在健康者体内；第二，可从患病者体内分离得到该病原微生物的纯培养物；第三，将分离出的纯培养物人工接种敏感者时，会出现该疾病所特有的症状；第四，从人工接种发病者体

罗伯特·科赫(Robert Koch, 1843—1910)，
德国人，被后世誉为“细菌学之父”。

内可以再次分离出性状与原病原微生物相同的纯培养物。科赫法则一经提出就为人们研究病原微生物提供了方法指导，并促使人们对病原纯培养物展开研究，进而提出了多种疾（疫）病防治方法，真可谓功德无量。

当时间的足迹来到1910年5月27日的黄昏，科赫的生命之旅抵达了终点……人生是有限的，但他的一生为世人所留下的财富实在太多，也实在太为宝贵了。霍乱弧菌和结核病菌都是他发现的，炭疽病的元凶是他证实的，在对抗、战胜昏睡病、疟疾、红水热、黑水热、麻风、牛瘟、淋巴腺鼠疫等战役中都有他不可磨灭的功绩。据后世估算，科赫至少为人畜疾病医治提供了50余种方法。即便是在科技发达的今天，其工作的全部意义仍无法准确衡量。细菌学之父，名副其实！

13 列文虎克的显微镜

1723 年秋季的一天，伦敦英国皇家学会收到了一个大邮包和两封信。这是荷兰籍会员、91 岁高龄的列文虎克先生在去世前寄出的物品，欲借此表达自己对学会的深情厚谊。邮包中有大小各异的 26 台显微镜，还有数百个放大镜，而在两封信中，则主要讲述了他制作显微镜的心得。

17 世纪后半叶，列文虎克的显微镜为世人彻底打开了微观世界的大门，列文虎克成为第一个利用显微镜观察到细菌的科学家。他一生磨制了 500 多个镜片，制造了 400 多架各型显微镜，更是有 9 种流传至今，为人类更好地认知自然做出了划时代性的贡献。

列文虎克全名安东尼・范・列文虎克（Antony van Leeuwenhoek），1632 年 10 月 24 日出生在荷兰代尔夫特市的一户普通酿酒工人家庭。他没有接受过正规的教育，16 岁时为生活所迫，远走他乡，只身来到阿姆斯特丹。不久，他在一家布店里当起了学徒。四年学成之后，他返回家乡开了间绸布店。为了能够看清布匹面料的经纬向，列文虎克需要用到放大镜，而就是这种“神器”，令其爱不释手，兴趣盎然。

步入中年之后，家境殷实，可支配的时间也多了起来。于是，他投入了更多的热情和精力捣鼓他的“宝贝儿们”。列文虎克虽然知识有限，也无法自如地查阅以拉丁文为主的研究资料，但凭借着勤奋和坚持，他磨制的透镜远超同时代他人的作品。在磨制了大量放大镜后，他突发奇想——制作了一个可以架设透镜的架子，并为其配上了反射光源。于是，他的第一台显微镜就这样问世了（观察效果胜于当时的其他显微镜）。

几年以后，列文虎克的显微镜不仅数量越来越多，放大倍数越来越高（从起初的 50 倍提高到了 300 ~ 400 倍），而且成像效果愈发逼真，制作工艺也更为精良。他疯狂地爱上了显微世界，不论什么物件都喜欢翻看一番，像微生物、昆虫、晶体、污水、矿物、动物和植物等都是他观察的对象。除了观察，他还进行记录和发表。1674年他开始观察细菌和原生动物，后来还描述了一种存在于牙垢中的细菌，并测算了其个体大小。1683年，英国《皇家学会哲学学报》上发表了第一幅细菌绘图，而作者便是这位荷兰商人。

长期以来，受限于观测手段，尽管微生物世界真实存在，而且还是主宰级的存在，但却鲜为人知。列文虎克的显微镜堪比一座桥梁，为人们认知这一微妙世界建起了桥梁，越来越多的学者也借此涉及微观领域研究。当然，他的成功固然有个人努力的因素，但也得益于前人的工作积累。比如，早在他出生前的16世纪末，显微镜的雏形便由荷兰科学家和眼镜商制造了出来，意大利人伽利略甚至还用这种"显微镜"观察和描述了昆虫的复眼；学徒时代，列文虎克在阿姆斯特丹了解到放大镜和放大镜能够组合成像；此外，英国皇家学会也对他的研究提供了支持，承诺列文虎克只需不断地将观察结果寄送过来，学会可以帮他译文发表等。

《列文虎克的显微镜》告诉大家，兴趣是最好的老师，正是出于对显微世界的浓厚兴趣，才令他数十年如一日，近乎顽固地坚持着放大镜和显微镜的制作。他坚守了自己的初心，成功地在微生物学史上留下了浓墨重彩的一笔！

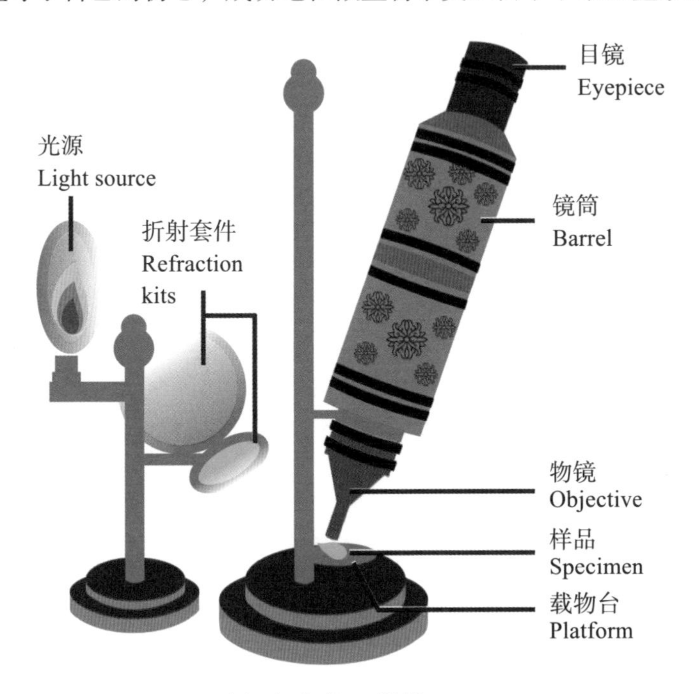

列文虎克的显微镜

14 立克次医生与立克次氏体

故事的主角名叫立克次，他是一位美国人，是世界著名的病理学家。1871年2月，立克次出生于俄亥俄州芬德利的一户普通农家。长大后，他先后就读于美国内布拉斯加州立大学和西北医学院。立克次勤奋好学，求知欲强。1898年开始，他又赴拉什医学院从事皮肤病理学相关研究。此外，他还有在德国柏林和法国巴斯德研究所工作学习的经历。1902年他返回美国，任职芝加哥大学，继续从事病理学研究。1906年的一个偶然契机，让其日渐步入世界顶尖科学家之列。

当时，美国落基山地区暴发斑点热，立克次在病患血液和传染源安德逊氏革蜱中观测到了一种微小杆状生物。实际上，这就是最早的立克次氏体（拉丁学名：*Rickettsia*）。在此之前，人们对引发流行性斑疹伤寒（简称斑疹伤寒）的病因和病原均无清楚了解。回顾历史，斑疹伤寒可谓致使人类丧命最多的传染病之一。根据史料记载，最早有关斑疹伤寒的描述出现在1033年。后来，历次大型战争和灾害中均有其身影。甚至有人评价，斑疹伤寒史就是世界的战争、饥荒和灾祸史。第一次世界大战期间，塞尔维亚人受战争影响被迫迁移，迁移过程中因医疗卫生水平低下，斑疹伤寒暴发，并经阿尔巴尼亚扩散至其他国家和地区。最后，甚至连奥地利入侵者也深受其害，死亡无数，并在一定程度上延缓了其侵略进程。又比如第二次世界大战期间的我国上海，每年该病发生一万余例，病死率更是高达20%！

1909年，立克次医生在洛杉矶斑疹热病患血液中首次发现了这一疾病的病原体。然而，天妒英才，1910年当他和助手在墨西哥研究斑疹伤寒期间，不幸被斑疹伤寒所感染，没多久就于墨西哥首都墨西哥城逝世，享年39岁。他们在墨西哥的研究是卓有成效的，他们分别在患者体内和传染媒介（虱子）体中找到了与其当年研究落基山斑点热时所观察到的微小杆状生物极为相似的生命体，还证明了当地的斑疹伤寒可传染猴子，而痊愈的猴子会产生免疫力。

原来，虱子在吸血后，立克次氏体便由病患进入它的体内，并在其中大肆繁衍。短短数日后（一般 5 日左右），立克次氏体破宿主细胞而出，并随其粪便排出体外。当人体发生虱子叮咬或其他原因致使皮肤破损而被虱粪所感染时，立克次氏体便会趁机侵入，开始新的传染循环。立克次医生的相关病理学研究是极具突破性的，后人为了纪念他，特将落基山斑疹热和虱传斑疹伤寒病原微生物所在属的名称起作立克次氏体属。回顾他短暂但又不失惊艳的一生，功绩多多，他是落基山斑点热和鼠型斑疹伤寒病原体的首位发现者，是他最先利用动物进行接种实验和疾病鉴别。此外，他的研究还为后世的疫苗研制奠定了坚实基础。

故事的最后，让我们再一同了解一下立克次氏体。立克次氏体实为革兰氏阴性细菌的一种，它兼具细菌和病毒的特点。立克次氏体个体微小，可通过细菌滤器（病毒可以，但一般细菌不行），具有完整的细胞壁（病毒没有）。通常外形呈杆状或球状，专性寄生于细胞内，能够通过蜱、虱、蚤、螨传染人体，引发疾病。立克次氏体家族庞大，根据不同的分类标准，可将其划分成多个属、种。与人类关系较为密切的立克次氏体主要有莫氏立克次氏体、普氏立克次氏

立克次（1871—1910），美国病理学家，落基山斑点热和鼠型斑疹伤寒病原体发现者。

体、立克次氏立克次氏体和恙虫病立克次氏体四种。他们侵入生物体内后，会同宿主细胞上的受体相结合，随后进入宿主细胞，并在部分血管内表皮组织或淋巴组织上进行繁殖。然后，通过血液和淋巴液扩散至全身，引发大量细胞破损和出血现象，严重的还会出现中毒休克等症状。另外，除了引发血管病，一些呼吸、循环和神经系统病症也与其相关。诊断主要参照临床表现、病原体分离和相关血清学检查结果而定，一些常规抗生素（如四环素和氯霉素）对其治疗有特效。病患痊愈后，会产生持久性免疫力。目前，相关疾病仍发生于世界多个国家和地区，其中又以地处热带和亚热带的一些第三世界国家为最甚。我国随着医疗卫生条件和人民生活水平的显著提高，该病发生率已大大降低，大可不必为此再添烦恼。

15 意外的收获——青霉素

世人曾经将抗生素、原子弹和雷达并称为“第二次世界大战三大发明”，抗生素的发现可谓20世纪最伟大的医学成果之一。最初，抗生素被称为抗菌素。事实上，它不仅能杀灭细菌，而且对霉菌、支原体、衣原体、螺旋体、立克次氏体等其他致病微生物也有近乎神奇的抑制和杀灭作用。作为重要的抗生素之一——青霉素是一种从青霉（真菌的一种）培养液中提制的药物，同时又是第一种广泛应用于人类疾病治疗的抗生素。青霉素在第二次世界大战中的广泛使用，拯救了大量患者的生命。近百年的临床应用验证了青霉素是一种广谱、高效、低毒且廉价的重要抗生素。它的研制成功不仅显著提高了人类对疾病的抵抗能力，还促成了抗生素家族的诞生，并开创了用抗生素治疗疾病的新纪元，而有关青霉素发现的故事更是因其富有的传奇色彩而至今为人所津津乐道。

目前，青霉素被公认是由英国细菌学家、生物化学家及微生物学家亚历山大·弗莱明在1928年的一次“意外”中发现的。在美国学者麦克·哈特所著的《影响人类历史进程的100名人排行榜》中，弗莱明凭借青霉素的发现位列第45位。弗莱明出生在苏格兰的亚尔郡，他的成长之路颇为坎坷。他的父亲是个勤俭、诚实的农夫，同母亲一道养育着八个孩子，弗莱明在所有孩子中是年龄最小的。在他7岁时，父亲便与世长辞，家道也由此开始中落，是母亲和大哥含辛茹苦地将孩子们带大。他成长于山野之中，这很好地锻炼了他的观察能力，为其日后所从事的科学研究奠定了坚实的基础。在弗莱明20岁时，他的一位终生未婚的舅舅去世，留下了一笔较为可观的遗产，弗莱明分到了250英镑。利用这笔钱，他开始了自己在圣玛丽医院附属医学院的求学生涯。15年后，弗莱明在自己的刻苦努力下终于成为了一名出色的疫病防治专家。这期间，第一次世界大战爆发，他和许多医生一起奔赴战地医院抢救伤兵，可是他们对伤口感染无能为力，因为当时还没有类似抗生素的特效药。第一次世界大战结束后，流行性感冒又席卷了整个欧洲大陆，医生们再次束手无策，而这场流行性感冒夺走了两千多万欧洲人的生命!

1921 年 11 月，弗莱明患上了重感冒。在他培养一种新的黄色球菌时，随手取了一点鼻腔黏液滴在固体培养基上。两周后，弗莱明发现了可以溶解细菌的一种物质。经过进一步的实验研究，他发现这种物质是一种存在于人体的天然抗菌物，并将其取名为"溶菌酶"。他认为这可能会成为人类防御病菌的一道可靠防线，随后便对"溶菌酶"进行了为期七年的研究。1928 年夏，弗莱明外出度假时，把实验室中还培养着细菌的这件事忘得一干二净。三周后当他返回实验室时，意外发现一个与空气接触过的金黄色葡萄球菌培养皿中长出了一团青绿色霉菌。在用显微镜观察这只培养皿时，弗莱明发现霉菌周围的葡萄球菌菌落已被溶解，而这意味着霉菌的某种分泌物能够抑制金黄色葡萄球菌。这种霉菌在显微镜下看起来像刷子，所以弗莱明便叫它为"盘尼西林"（penicillin 的原意为"有细毛的"）。此后的鉴定表明，上述霉菌为点青霉菌。因此，弗莱明将其分泌的抑菌物质称为青霉素。弗莱明兴奋地给这个培养皿拍了张照片，这张照片后来被大英博物馆所收藏，因为这是人类第一次见证含有"青霉素"的霉菌存在。

由于青霉素极难提取，且活性不稳定，随后的十年弗莱明只发表了两篇和青霉素相关的研究论文。然而，自始至终他并未放弃对青霉素的研究工作。客观地说，弗莱明发现青霉素在当时并未引起足够的重视，直到 1939 年德国化学家恩斯特·钱恩在旧书堆里看到了弗莱明发表的那篇论文时，围绕青霉素的研究才重新回到正轨。

1941 年，青霉素研究的接力棒传到了澳大利亚病理学家瓦尔特·弗洛里的手中。在美国军方的协助下，弗洛里在飞行员外出执行任务时从各国机场带回来的泥土中分离到优质菌株，使青霉素的产量从每立方厘米 2 单位提高到了 40 单位。虽然，这离生产青霉素还差得很远，但弗洛里还是非常高兴。一天，弗洛里下班后在实验室大门外的街上散步，见路边水果店里摆满了西瓜。"这段时间工作进展不错，买几只西瓜犒劳一下同事们吧。"想着，他走进了水果店。这家店里的西瓜看样子都很好，弗洛里弯下腰，伸出食指敲敲这个，弹弹那个，然后随手抱起几只，付了钱后刚要走，忽然瞥见柜台上放着一只被挤破了的西瓜。这只西瓜有好几处瓜皮已经溃烂，上面长了一层绿色的霉斑。弗洛里盯着这只烂瓜看了好久，又皱着眉头思考了片刻，便对老板说："我要这一只。""先生，那是我们刚选出的坏瓜，正准备扔掉呢？吃了可是要坏肚子的。"老板提醒道。"我就要这一只。"说着，弗洛里放下怀里的西瓜，捧着那只烂瓜走出了水果店。"先生，您把那几只好瓜抱走吧，这只烂瓜算我送你的。"

老板跟在后面喊。“可我抱不了那么多西瓜啊，再说，要是把这只打烂了怎么办？”“那、那我把刚才的瓜钱退给您吧。”老板举着钱追了几步，但弗洛里已走远了。老板摇了摇头，有些不解地望着这个奇怪的顾客。

弗洛里捧着这只烂西瓜回到实验室后，立即从瓜上取下一点绿霉，并开始培养。不久，实验结果出来了，让弗洛里兴奋的是，从烂西瓜里得到的青霉菌株，竟然能够使青霉素产量从每立方厘米 40 单位一下子猛增到 200 单位。1943 年 10 月，弗洛里和美国军方签订了首批青霉素生产合同。青霉素在第二次世界大战末期横空出世，并迅速扭转了美军及其盟军的战局。战后，青霉素更是得到了广泛的应用，拯救了数以千万计的性命。也由此，弗洛里和弗莱明、钱恩分享了 1945 年的诺贝尔生物及医学奖。

当机会像一只“烂西瓜”一样被人扔在一边，你若能发现它，那么，恭喜你，你打开了通往成功的大门！青霉素的意外发现貌似是一次实验不当操作引发的意外，其实这同弗莱明敏锐的洞察力密不可分，偶然中存在着必然！科学研究来不得一丝马虎，在出现意外实验结果时要科学分析、理性判断，做个“有心人”，或许又一次的机遇便会很快降临。

16 樊庆笙与国产青霉素

1997年秋末冬初，86岁的我国微生物学界泰斗，被誉为“中国青霉素之父”的樊庆笙手心托着三支装有青霉素（西方称盘尼西林）菌种的沙土管，颤颤巍巍又小心翼翼地递给前来探望他的南京农业大学微生物教研组同事，由他们代为转交给中国农业博物馆收藏。看着手中的菌种管，忆往昔峥嵘岁月稠，当年穿越太平洋的惊涛骇浪，飞越喜马拉雅山“驼峰”的颠簸经历，一幕幕又重新出现在他的脑海之中。

出生于江苏常熟野卯口的樊庆笙，1940年赴美国威斯康星大学留学。求学期间，他除了每天驻足于教室和图书馆外，将其他精力重点放在了学习微生物实验技术之上。而在同一时期，被誉为20世纪微生物学界最伟大的发现之一——盘尼西林更是进入了他的视野。1943年春，世界上第一个研制盘尼西林的小组在美国威斯康星大学的生化和细菌学院成立。半年后，研究小组便取得了突破性进展，由此盘尼西林开始量产，并在那场举世瞩目的战争中拯救了千百万感染的伤兵。当时，樊庆笙的心在呼唤、在呐喊，祖国正在与日本侵略者展开殊死搏斗，士兵们在浴血奋战，为了挽救中国伤兵的生命，一定要尽快把具有“神奇”功效的盘尼西林带回去。

1943年5月，樊庆笙取得博士学位后在美国医药助华会会长Van Slyke女士和威斯康星大学细菌学系的帮助下，获得了极为珍贵的三支产盘尼西林菌种，并做好了归国的准备。当时的太平洋战争已进入白热化阶段，日军不断截获美国医药助华会派出援华专家和设备的情报，并千方百计予以疯狂阻击和拦截。面对这样的形势，樊庆笙一行临时变更行程，改乘轮船回国。然而，当载有他们的船只进入太平洋后，还是遭遇到了日军丧心病狂的堵截和追杀。日本人从海上和空中同时发起了对船队的攻击，不仅要炸毁船只，更是要消灭一切有生力量，赤裸裸的魔鬼行为！船队在躲避日军侵袭的过程中受到了破坏，所幸人员伤亡不大，但是航行在维修好船体之前是无法继续了。于是，他们绕行新西兰和澳大利亚以南海域进入印度洋，再经印度孟买登陆，之后换乘火车穿过加尔各答到达印东部阿萨姆邦——“驼峰航线”的起点。1944 年 6 月，樊庆笙一行冒着生命危险，穿越了当时最为危险的空中走道，奇迹般地出现在了祖国的昆明。

在抗战大后方昆明，我国著名的细菌和病毒学家汤飞凡与樊庆笙一起着手准备盘尼西林的研制。前线在流血，时不待我啊，两人激发出了爱国志士的高昂热情。樊庆笙带回的设备和菌种立刻被抽调了过来，由其和助手朱既明等人具体着手盘尼西林的研制。1944 年年底，战乱中的中国终于成为了继其他 6 个国家后自主研发并生产出 5 万单位 / 瓶盘尼西林的国家！

抗战胜利后，樊庆笙随金陵大学东迁回南京，期间一直心系国产盘尼西林的研究和工业化量产。1946 年冬，樊庆笙得知上海生化制品实验处正在招兵买马筹备开展盘尼西林的后续研究，便不辞辛苦地奔波于金陵大学和上海生化处之间。很快，时间的足迹来到了 1948 年，上海生化实验处也开始筹备盘尼

樊庆笙（1911年8月4日至1998年7月5日）著名农业微生物学家、教育家，中国近代农业微生物学的开创者之一。长期致力于农业微生物学教学、科研与应用，在固氮菌生理生化研究等方面作出了重要贡献。我国第一支青霉素就是樊庆笙教授牵头研制的，使当时身处战乱中的中国成为世界上七个有能力生产青霉素的国家之一。

西林工业化量产（同年北京协和医学院专家童村也借调到此处工作）。期间，樊庆笙认为盘尼西林量产后应该有个中国名。从形态上观察，该霉菌菌株呈现一定的青黄色，所以取其“青”，又为了同英文后缀“-in”相呼应，取一“素”字。“青霉素”这个名字便应运而生，并沿用至今，妇孺皆知。

科学没有国界，但是科学家是有其归属的，青霉素之父樊庆笙是当之无愧的国人楷模！樊老刻苦求学，不畏艰险，毅然放弃国外优厚待遇，与祖国同呼吸共命运，不远万里归国奉献的事迹和精神值得大家敬佩，值得我们学习！

17 汤飞凡与沙眼衣原体

小时候有一段时间，笔者外出总会遭遇迎风流泪。慢慢地，通过滴用眼药水和佩戴眼镜这一症状才得以缓解。后来经医生和家人解释，才知道自己患有沙眼。可不要小觑这一眼疾，它其实有着很强的传染性。据估算，沙眼作为最为常见的眼疾之一，全世界竟有超过四分之一的人口患有该病。其中，大多数患者对其危害性缺乏足够了解，没有给予及时的医治、任其自由发展，结果便有了轻者惧光、眼睛磨痛、见风流泪，重者视力严重受损（并发症所致），甚至完全失去光明的情况发生。

人类最早有关沙眼的记载可追溯至古埃及基辅（Khefu）时期，距今约5 400年。当时，人们将其临床症状描述为“倒睫症”。而沙眼（trachoma）一词的含义，在古希腊语中则为“粗糙”。后来，到了18世纪末，拿破仑侵占埃及率军归国时，部分法军士兵将这种传染性病害带入了欧洲，并又很快传播到英国等国家和地区。同样的经人传播，沙眼病又通过移民途径来到了美洲大陆。其传染性之强迫使美国国会于1905年出台规定——凡计划移民进入美国的人士均要接受沙眼检查。在我国，沙眼也是一种有着悠长历史的眼疾，春秋战国时期（公元前770年至公元前221年）的《黄帝内经》中便有其描述。到了1949年，限于当时的医疗条件和人民群众的卫生保健意识，该病大肆流行。根据世界卫生组织当时的估算，全世界有超过六分之一的人口患有沙眼，而我国患者的比例更是超过了50%，在农村地区该病患病率甚至超过90%，亦是致盲的主要元凶。

沙眼病危害如此之大，其受到医学界和微生物学界的高度关注就不难理解了。一代代的医护和科研工作者们都在为其预防和根治进行着不懈的努力，我国的汤飞凡先生便是其中的一员。作为我国第一代医学病毒学家，汤飞凡先生从小便目睹了国弱民贫，传染病肆虐，人民灾难深重，帝国主义者肆意辱华、欺负同胞手足的一幕幕。他不甘于现状，从小立志学医，希望通过自己的努力改善同胞的境遇，报效祖国。长大之后，他不忘初心，赴美深造，师从当时世界著名的细菌学家和免疫学家汉斯·津瑟（Hans Zinsser），主修微生物学和免疫学。毕业之际，导师因其出色的表现，多次对其进行挽留，希望他能继续在美国从事研究。然而，他却谢绝了导师的好意，毅然回国工作。美国政府还予以重金，动员他和全家到美国定居。当然，美国政府所能够收获的仅仅是又一次的拒绝。时间很快来到了 1954 年，汤先生与时任北京同仁医院眼科主任兼副院长的张晓楼教授协商合作，决定由后者负责临床检查和标本提供，汤先生主持沙眼病病原研究。在此之前，受研究条件所限，学术界对沙眼病病原体的研究一直没能形成定论，存在三种学说，即其病原体可能是病毒，也可能是细菌，还可能是立克次氏体。汤先生领导的研究小组没有盲从已有学说，而是撸起袖子潜心研究。在遭遇了一系列挫折之后，他们决定以培养立克次氏体的鸡胚卵黄囊法来分离、培养沙眼病病原体。又经过了一系列的改良，终于在 1955 年分离获得了一株沙眼“病毒”（后证实非病毒），这可是世界上第一株沙眼“病毒”啊！翌年，新近分离获得的 TE55 成为沙眼“病毒”的标准株，并在全世界广为使用。他们证明该“病毒”能够在鸡胚中传代，用其感染猴子会出现典型性沙眼并可找到包涵体，将其从猴子眼睛中再次分离后，仍可获得纯培养物。

从严谨的角度来看，要确认一种微生物是某一疾病的病原物，必须严格遵照“科赫法则”进行验证。于是，便有了 1958 年汤、张二位先生不顾他人的极力劝阻，决心以己身试验的一幕。他们是要以自己为“小白鼠”，证明上述所获“病毒”对人眼的致病性啊！最终，他们获得了成功。1973 年，沙眼“病

毒”被正式修正为沙眼衣原体（革兰氏阴性，可能通过细菌滤器，能在细胞内寄生，具特有周期，现认为是介于立克次氏体和病毒间的原核微生物）。也正是由于他们出色的工作和对人类的贡献，1981 年国际沙眼防治组织向其颁发了沙眼金质奖章（我国眼科界在世界上所获最高荣誉）。

沙眼衣原体的发现在医学研究领域有着十分重大的意义，是微生物学家和眼科学家密切合作、共同努力创造的中国近代医学史上的重要里程碑之一。汤飞凡和张晓楼二位先生在发现沙眼衣原体的过程中所展示出的锲而不舍、严谨求是和勇于献身的精神是多么值得推崇和学习，而这也必将作为动力源泉激励后世的工作者们前行。

18 DNA双螺旋结构的发现及其带来的启示

DNA 双螺旋结构的发现同相对论和量子力学一道被誉为 20 世纪自然科学领域最为重要的三大成就。它的发现，不仅预示着人们即将揭开生命遗传的神秘面纱，而且对于更为深入地认知生命过程，进行疾病控制和品种改良等具有划时代的意义。它的发现，也同时意味着分子生物学这一新兴学科的正式诞生，使得人们在分子水平开启了对生命活动发生，以及发育、遗传、进化和衰老等的研究。

时间回到 1953 年的 4 月 2 日，这一天世界顶级学术刊物《自然》正式接受了由詹姆斯·杜威·沃森（James Dewey Watson）、弗朗西斯·克里克（Francis Crick），以及莫里斯·威尔金斯（Maurice Wilkins）联合署名，题为“DNA 双螺旋结构”的科研论文。需要强调的是，这篇文章从投稿、审阅，到最终的刊出仅仅用时 23 天，速度之快可谓空前！继这一具备改变人类历史进程魔力的论文发表之后，他们仍坚持不懈，又发表了大作“DNA 遗传学意义”，着重阐明了 DNA 双螺旋结构所能揭示的遗传学内容和用途。由于他们杰出的贡献，1962 年三位科学家一同获得了诺贝尔奖。然而，令人感到惋惜的是，同样为 DNA 双螺旋结构发现做出过重大贡献的罗莎琳德·富兰克林（Rosalind Elsie Franklin，英国女科学家）四年前因死于卵巢癌，此次未能与上述三位科学家共同分享该项殊荣。实际上，在 DNA 双螺旋结构理论模型提出和后续验证过程中，富兰克林功不可没，是她和威尔金斯率先拍到了 DNA 的 X 光衍射照片，并以此推测其结构可能呈双螺旋状。人们永远会记得她，她在自然科学史上留有浓重的一笔，被世人公推为“DNA 之母”。

科学研究是一个一丝不苟的过程，但有时也确有运气成分存在。以上的四名科学家，富兰克林以前攻读的是化学专业，沃森修读生物学，而威尔金斯和克里克则是物理学出身。他们各自的知识架构不尽相同，在同一时段从事生命遗传物质结构解析，既是竞争者，又相互合作。也恰恰就是在这样“复杂”的关系和环境中，他们各展所长，以特殊“合作”的方式最终成功解密DNA双螺旋，其成果可谓人类科学史上学科交叉所产生的最为杰出的成果之一！当时，世界上至少有三个研究团队涉足相关研究，分别是伦敦英王学院的富兰克林和威尔金斯、英国卡文迪什实验室的沃森和克里克，以及美国加州理工大学著名化学家莱纳斯·鲍林（Linus Pauling）领导的团队。其中，鲍林在生物大分子结构解析方面具有十分丰富的经验，其利用分子模型构建解读蛋白质α螺旋收获成功，而其研究思路（构建理论模型→X衍射验证→循环修正模型）在后续DNA双螺旋结构的揭示过程中也起到了至关重要的作用。在当时看来，鲍林领导的团队是距离成功最近的。再看富兰克林和威尔金斯，他们都是顶级的结晶学家，并手握DNA双螺旋结构最直接的证据——X射线衍射资料，其已具备解读DNA分子结构的硬基础。反观沃森和克里克，一个是年仅23岁的“小”博士后，另一个则从事血红蛋白的X射线晶体分析。同上述竞争对手相比，他们不仅实力有限，在结晶学和结构化学方面也都还是新手，成功似乎与其无缘。然而，最终恰恰就是这二人组上演了逆袭。

DNA双螺旋结构的发现看似偶然，但也实属必然。它给了人们很多的启迪和鼓励：

第一，不同领域的联合和交叉，是最能够“擦出火花”的，是创新和前进活力的重要源泉。人们应当充分合作，勇于竞争，摈弃故步自封的思想，各展所长，充分发挥各自优势，早出成果，出好成果。

第二，一切的发现和认知既是积累和深化的过程，也是不断扬弃的过程。没有前人的基础，何谈创新与创造？成果的产生不会一帆风顺，更不会凭空降临，需要不断奋力前行，排除层层阻碍，不畏失败，充满自信，方能收获正果。

第三，实践是检验真理的唯一标准，理论研究要同实（试）验紧密结合。失去了根基，所谓的理论必定是镜花水月。

19 PCR，奇妙的 DNA 复制法术

经常在警匪片中有这样的桥段：十几年的凶杀案件始终无法告破，当年办案的警察一直内心不安。多年后凭借当初在犯罪现场采集的头发、血液等样品，终将疑犯捉获，大快人心。但是，大家有没有想过，为什么当初亲历现场无法破获，十几年后却能“穿越”还以真相？

一切奥秘都在那几根头发或几滴血迹之中，因为它们含有罪犯独一无二的 DNA 密码。这些样品中的 DNA 非常微量，在过去并不能提供多少帮助，但是现在不一样了，因为人们拥有了快速大量复制这些 DNA 的法术——聚合酶链式反应（Polymerase Chain Reaction，PCR）。

PCR 技术是什么呢？我们都知道，DNA 长得就像一架扭曲的梯子，由中间短短的横杆连起两根长长的粗杆。DNA 的复制方式叫“半保留复制”，相当于将这架梯子中间的横杆劈开，两根粗杆分开后，可以分别用每一根粗杆作为模板合成出另一根粗杆，并最终组合成两架和先前一模一样的梯子，实现 DNA 的扩增。如果接着将新合成的梯子继续分开当作模板，又能获得更多的新梯子。这个过程其实很像细胞的分裂，每一轮增加一倍数量的 DNA，1 变 2，2 变 4，4 变 8……因此，在最初提到的案例中，只要警方获得了一份 DNA 样品，想办法提供可以让 DNA 复制的条件和材料，在两个小时内就能通过 PCR 仪这一快速 DNA 复印机，获得 2^n 倍的 DNA，再经过序列测定和数据库对比分析，天网恢恢，越收越小，最终实现疏而不漏。

听上去很简单，是不是？但是如此基础重要的技术，其出现的历史也不过只有三十多年，比互联网出现的时间还要短呢（1969 年世界上互联网的前身阿帕网 ARPAnet 建立连接）！ PCR 技术的发明者穆利斯（Kary Banks Mullis）是一个充满争议的科学家，因为他个性放荡不羁，不愿意认真做研究还总是惹麻烦。虽然他拿的是生物化学博士学位，但是凭借的却是发表在 *Nature* 上的一篇与宇宙大爆炸理论相关的论文。在他 1998 年出版的自传 *Dancing naked in the mind field* 中，记录了这项伟大发明的灵感源泉。当时他正在美国加利福尼亚一段山间公路驾车行驶，“我的思维飘回实验室，看到DNA链在我眼前旋转、漂浮，发亮的蓝色和粉色带电分子充斥山路，满目可见……”尽管，他是位拖延症患者，还一度差点被公司开除，但最终在他人的协助下，于1984年11月15日终获PCR实验成功，而此时距离人们发现DNA“半保留复制方式”已经过去了整整二十七年。

与现在相比，最初PCR的操作过程是非常繁复的。因为要把DNA这架梯子的长粗杆分开的话，需要借助高达95℃左右的高温，之后降到55℃左右去寻找正确的复制起点，再回温到72℃形成完整的DNA新链，这样才算完成一轮扩增。然而，最初在PCR所需要的材料（引物、脱氧核苷三磷酸、DNA聚合酶、含有镁离子的缓冲体系）中，DNA聚合酶并不耐热，一轮高温摧残下来便告失效，每一轮反应之初都需要人工重新添加。好在后来人们从“住”在美国黄石公园热泉中的嗜热细菌体内获得了耐热的DNA聚合酶（Taq酶），才将科学家们从繁重的“手工劳动”中解放出来。现在只要将所有样品混合好，放到PCR仪中，不用再补加材料，就能实现神奇的DNA体外扩增，有些生物黑客甚至还在自家厨房的三个保温桶（分别调至55℃、72℃和95℃）中完成了这一“壮举”呢。

PCR就如同阿基米德撬动地球的杠杆一样撬动了生命科学。如今，几乎所有生命科学的研究都离不开它，在刑侦、疾病诊断、亲子关系鉴定、考古等诸多领域都有广泛应用，并且还派生出了荧光定量PCR和微滴式数字PCR等技术。

1993年，穆利斯获得了诺贝尔化学奖，世人会永远记住他的灵光一现。

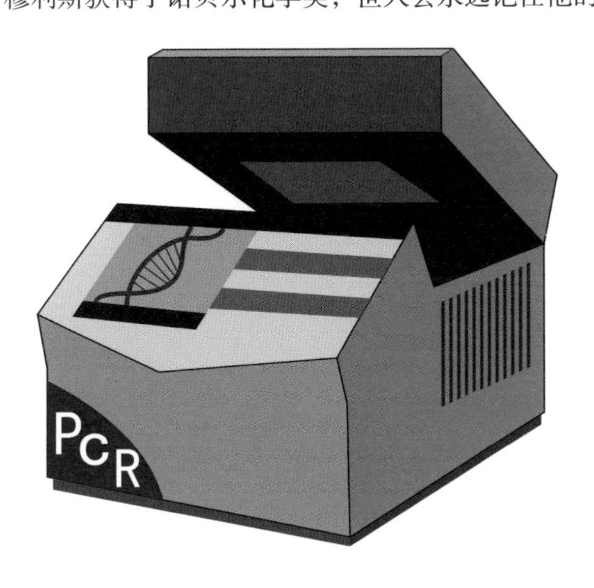

20 “金花”与砖茶

中国既是茶叶生产大国，也是茶叶加工出口大国，更是茶叶的消费大国。我国茶文化博大精深，源远流长。根据不同的分类方法，可将我国的茶叶分为许多种类，像乌龙茶、绿茶、黄茶、红茶、白茶和黑茶等都是大家说得出的种类。可是，您听说过砖茶吗？

砖茶，简而言之就是形状呈砖形的茶块。作为一种后发酵茶，它是通过将黑(毛)茶紧压后形成的再加工茶。砖茶可细分为茯砖茶、青砖茶、康砖和金尖茶、花砖茶、黑砖茶和米砖茶等，主产于云南、湖北、四川、湖南等省份。因其能消解牛羊肉的肥腻，去除青稞之热，补充多种人体所需矿物质，故而深受少数民族群众喜爱，西藏、青海、新疆和内蒙古等地也因此成为砖茶的主要消费地。

在砖茶中，茯砖茶因其独具的“发花”工艺而显特殊。由于先前它的生产是在“伏天”进行，故得名茯砖。又因其口感和功效类似中药茯苓，而被称为“茯茶”或“福茶”。它与花砖和黑砖茶存在明显不同，主要表现在两个方面：其一压制程序不同，这主要体现在砖体厚度上。茯砖的“发花”工艺要求砖体松紧适度，有足够的空间可供微生物生长繁殖。其二为将伏砖茶从砖模取出后，要先包装再行烘干，以利更好地“发花”。讲到这里，读者朋友们是不是很想知道所谓的“发花”究竟发的是什么花呢？

茯砖茶的“发花”其实是一种促进益生菌——“金花菌”生长繁殖的工艺。“金花菌”学名为冠突散囊菌，因它可产金黄色孢子且形状似花，故得名“金花”。先前“金花菌”大多偶尔出现在年份长久的灵芝属真菌之上，现在在茯砖茶、青砖、康砖，以及少数有一定年头的普洱茶中均有发现。但由于“金花”最早大量发现于茯砖之上，且其香气和滋味与黑茶搭配适宜、美妙，故后续仅有茯砖茶将“发花”这一特殊工艺发扬光大。一般而言，茯砖茶中“金花”越多，砖茶品质就会越好，民间更有“茶好金花开，花多茶质好”的说法。但实际上“金花”本身并没特殊营养价值，它主要是通过产生氧化酶和淀粉酶来促进茶叶中的淀粉、蛋白质，以及多酚类物质转化成红褐色有益人体的物质。长期饮用，不仅能够改善人们的睡眠质量和消化系统机能，还能增强人的抵抗力，防止疾病入侵呢。

“金花”如此珍贵，是不是在所有茯砖茶上都有它的身影呢？显然不是，“金花”的出现需要满足三个条件：①砖茶须保持外部干冷，内部湿热，进而为微生物的生长繁殖提供良好环境；②砖茶内部应当有足够多的养分为微生物生长“保驾护航”；③茶原料内需有“金花菌”，或在后期晾制过程中能接触到这一微生物，且“金花菌”还要能够有效附着和繁殖。

“金花”虽好，可在日常饮用过程中，一定要特别注意将其与恶名昭著的黄曲霉进行区分。“金花菌”和黄曲霉同属真菌中的曲霉菌属，二者有着极为相似的生理特征，易发生混淆。读者朋友们可以通过以下几个环节将二者进行有效区分：首先，观察茶体。茶体上附着的“金花菌”，易于拆分、掰碎，冲泡后茶叶形状完整且富有弹性。而黄曲霉附生茶体则会变质发霉，叶片易碎，冲泡后茶叶凝结、不易开散。其次，观察菌体本身。“金花菌”多存在于砖体

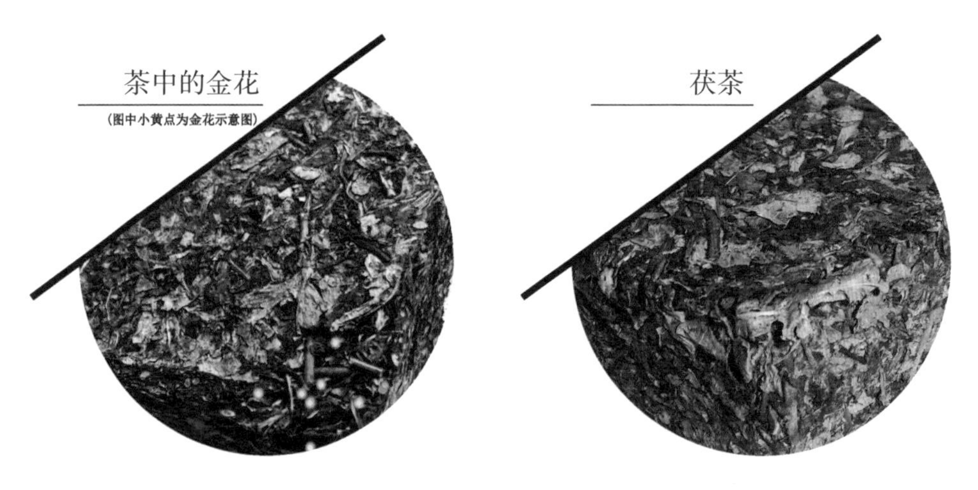

内部，个体清晰，呈金黄色、浑圆状。而黄曲霉颗粒细微、易散，菌体呈不规则干瘪状，颜色主要为浅黄色，多出现于茶砖表面和角落，在一定的生长期还会形成菌丝。再次，辨识茶汤。黄曲霉附生茶叶多呈碳黑或棕黑色，并伴有一定的霉变气味，冲泡几次后茶汤会变淡，浊度不变。而“金花菌”发酵茶品所制茶汤呈红色，透亮、清澈，味道香甜，经多次冲泡色味依然不减。

通过以上了解，读者朋友们是不是已经有了一品开满“金花”砖茶的想法了呢？有了，就行动起来吧。

21 “中国奶酪”

奶酪作为最为古老的人类加工食品中的一员，早在公元前3000年左右便有记载。当时，苏美尔人将二十种左右的软奶酪记录了下来，而这也成为有据可寻的最早奶酪出现的证明。有关奶酪制作的实际年月人们无法精准确定，比较流行的一种说法是：公元前一万年左右，人类开始驯养绵羊和山羊，羊奶多了喝不掉，放着会发酸，而酸化的羊奶可分离出乳浆和凝乳，再经成型和干燥等步骤，一种营养、美味且简单的风味食品便出现了。现在一提到奶酪，多数人会首先想到法国、荷兰和意大利等国。毕竟，这些国家是久负盛名的奶酪出产国。其中，仅法国便有三四百种奶酪，堪称世界之最。但是，大家知道嘛，我们中国也有自己的“奶酪”，从群众基础来看，可谓完胜洋奶酪。这种风味美食，便是今天故事的主角——豆腐乳。

豆腐乳又名腐乳，是国人喜食，且在世界范围内拥有大批忠实粉丝的传统特色美食。豆腐乳营养高、口感好，百搭其他饭菜，是各型宴会不可或缺的一道珍馐美味。中医记载，豆腐乳具消食健胃和化瘀活血等功效，性温、味甘，而现代医学研究也认为其富含多种氨基酸和矿物质，更是独具维生素B_{12}（一般植物性食品不含）。由于，豆腐乳是经发酵而来，上述营养物质极易为人体吸收、利用，好处多多。别看它们一块块其貌不扬，有的味道还十分“特异”，但很多营养学家都对其极为推崇，据说常食豆腐乳还可预防恶性贫血呢。

豆腐乳的历史可追溯至一千多年前，是“中国制造”的特有发酵食品。公元五世纪，北魏古书便载有“干豆腐加盐成熟后为腐乳”的字样。《本草纲目拾遗》中也记有“豆腐又名菽乳，以豆腐腌过酒糟或酱制者，味咸甘心。”明嘉靖年间，绍兴腐乳便已走出国门，远销东南亚各国，享有盛名！到了清代，李化楠在《醒园录》中更是对豆腐乳的制作方法进行了详细描述。另外，后续还有中国腐乳荣获南洋劝业会金奖（1910年）和巴拿马太平洋万国博览会奖章（1915年）的报道。

豆腐乳可分为白腐乳、青腐乳、红腐乳、酱腐乳和花（色）腐乳。它们制作方法各异，配料不同，风味和营养各具特色。白腐乳呈本色，后期发酵过程中不添加色素，口感细腻。但在食用后，一定要拧紧瓶盖，且要让其中的汤汁盖过腐乳块。否则，一旦暴露于空气之中，便会氧化、变黑，影响食用者的心情和胃口。青腐乳俗称臭豆腐，食者津津有味，闻者垂头丧气。其发酵过程中加有盐水和苦浆水，所呈青色实为豆青色。同其他品种相比，青腐乳的发酵更为彻底，也因此含有更多的营养物质（如大豆异黄酮、维生素 B_{12} 和低聚肽）。相传慈禧太后对其喜爱有加，特地赐名“青方”。红腐乳又称红方，需要在发酵过程中添加白酒和红曲等原料，因其口味鲜美、香味浓厚，是目前市场上最为热销的品种之一。红曲作为天然着色剂，含有一定量的洛伐他汀，该物质具有降血脂和降血压之效，长期适量食用有利身心。酱腐乳内外一致，呈褐色，其在发酵后期以酱曲为主要辅料。花腐乳则多会辅以香油、香菇、虾米、芝麻和辣椒等原料，营养齐全，口味多变。需要说明的一点是，一些腐乳在块上会出现一颗颗的白点（或白粒），这些其实是酪氨酸的结晶物，无毒副作用，可以放心取食。

读到这里，肯定有读者会发问：微生物呢？哈哈，不要着急，下面就到微生物登场了。豆腐乳虽然是以豆腐干类的白坯为原料，但在制作过程中离不开微生物的作用。不同种类的腐乳，需要接种各自适宜的霉菌，然后辅以适宜的

培养条件。之后，白毛就长出来了。什么！？没错，就是白毛，霉菌大量繁殖后的“长相”。看到这些白毛，可不要觉得是东西坏了，更不要觉得害怕。这些“毛菌”不但对人体没有害处，相反还可加速上述白坯中营养物质的释放，增加营养，功劳可谓大大的。当然，长毛的白胚后续还要经过搓毛步骤，不然“长相”未免过于惊悚。另外，上一段落中提到的红曲实为长有紫红曲霉（拉丁学名：*Monascus purpureus*，一种真菌）的粳米（红曲米）。这种曲霉又名红曲霉，菌丝体呈分枝状，初无色，后转红，最后紫红；菌丝内含多个细胞核，有横隔；会形成单生或串生分生孢子（无性繁殖孢子），孢子显褐色；一些菌丝顶端还可生成橙红色子囊壳（子实体的一种），内含 8 个子囊孢子（有性繁殖孢子）。

豆腐乳固然美味，还有那么多的优点，但切忌过量食用。因为，腐乳经发酵后会产生一定量的硫化物，硫化物对人体有害，每次食用以半块为宜。此外，心血管病，以及肾病、通风和溃疡患者也应少食，毕竟腐乳的盐含量和嘌呤含量都是较高的。

各位朋友，故事读到这里，是不是有一种夹食腐乳的冲动啊？那么，快快行动起来吧。

低调的美味——发菜 & 地衣

发菜和地衣是自然界中广泛存在着的珍馐美味，其形态较为简单，没有出现明显的分化，大多生长在积有泥土的岩石表面。二者在亲缘关系上存在一定的近似性，所以在今天的故事里一起进行讲述。

发菜古称“石发”，因外形酷似人的头发而得名。它在民间有许多的俗称，如头发菜、发藻、地毛等。发菜由于同“发财”谐音，故深受老百姓欢迎。发菜隶属于藻类之中的蓝藻门，是念珠藻属一种典型的陆生蓝藻。它具有胶质鞘，能够将大气中的游离氮素进行固定，并转化为氮素化合物，故而能够适应贫瘠的土地环境。这也成就了发菜近乎顽强的适生能力。同营养成分相比，水分是限制发菜生长更为的关键要素。它不仅能够在夏天雷雨后生长，也能在冬天有雪的环境下成长。作为地球上最早出现的绿色自养生物之一，发菜主要从土壤和空气中获取水分、营养，它的颜色还能够随环境（光色、温度）和营养条件的不同而发生变化。从地理分布上来看，全世界都有它的分布，但更多的还是分布在四季分明、昼夜温差较大的干旱和半干旱地区，是干旱地区荒漠草原和荒漠地带生态平衡的维护者，被誉为“戈壁之珍”。在祖国大陆，主要出产于内蒙古自治区、宁夏回族自治区和甘肃、青海、陕西等北部省份的干旱、半干旱区域（这些地区年降雨量都很少，一般为 80 ~ 250 毫米，土壤以偏碱性的灰棕漠土和棕钙土为主，酸碱值为 7.5 ~ 9.5）。

发菜颇具营养价值，富含蛋白质、碳水化合物和钙、铁、锌等元素。发菜中的维生素含量可以同鸡蛋相媲美，且脂肪含量相对较低，故又得名“山珍瘦物”。由于人工培养一直难以获得成功，使得“搂”成为获取发菜这一珍品的唯一途径。打个比方，要想获得 100 克重的发菜，大概需要搂 7 000 米^{2}左右的草场（面积相当于一个标准足球场大小）。搂发菜会对当地生态环境产生严重破坏，据权威统计数据显示，每年因搂发菜造成的环境损失就近百亿元，而相应兜售发菜的收益仅仅是几千万元，这笔经济账实在是不划算。为了有效控制人们无节制的采挖，国务院早在2000年就将发菜列入国家一级重点保护生物名单，并专门颁布了条例禁止采收和销售发菜，发菜岌岌可危的生态形势也因此得以缓解。

地衣作为特殊的多年生“复合体”，是由真菌（通常为子囊菌）和藻类（绿藻或蓝细菌）组合而成的菌藻共生体（一种十分特殊且有趣的生物关系）。其中，共生藻被包裹在共生菌之中，与外界环境相隔离，自身无法从外界吸取水、无机盐和二氧化碳，只能依靠菌类供给。而共生藻则通过光合作用制造有机物，为菌类提供营养。全世界迄今已知的地衣种类大约有27 000种，其中在我国发现了200多种。根据地衣的形态不同，可以将其分为枝状地衣、壳状地衣和叶状地衣等。同发菜一样，地衣的营养价值也很高，富含多种氨基酸和钙、铜、镁等矿物质，特别是钙含量非常高。在我国，食用地衣或用地衣做药有着十分悠久的历史。据不完全统计，我国可供食用的地衣有15种，包括网肺衣、松石蕊、雀石蕊、石耳、树花、绿树发、长松萝、风滚地衣等。其中，石耳是我国著名的地衣物种，被誉为山中珍品，营养丰富、味道鲜美，深受老饕们喜爱。

地衣对土壤的形成具有促进作用，它生长在岩石表面，能够释放大量的地衣酸。地衣酸会腐蚀岩石，加快岩石的风化，进而促成土壤的形成，地衣也因此被称为“拓荒者”或“先锋生物”。地衣大多数是喜光的，对环境质量有较高的要求，对二氧化硫非常敏感，常被用作大气污染指示生物。地衣在自然界中生长极为缓慢，通常从开始生长到可以采集，需要历经几十年甚至更长的时间。再加上大气污染和森林采伐的加剧，以及无节制的采收和买卖，使得我国诸多地方的地衣资源遭受了异常严重的破坏，保护地衣资源已经刻不容缓！

亲爱的读者朋友们，我们在感慨大自然丰盛的物产和享受其无私的馈赠之际，是否也该为其生态环境的保护和可持续性发展献上自己的一份力呢？

发菜

地衣

23 微生物中的“巨人”——蘑菇

一个夏日雨后的下午，一群小学生到竹林里玩耍。走着走着，一个小朋友忽然惊叫了一声：“哇，这是什么东西？”。听到叫声后，其他小朋友都呼啦啦地围了过来，只见竹林一处地上长着五六棵头顶墨绿色“小帽”，身穿白色“连衣裙”的东西。小朋友们七嘴八舌地说：“这是什么啊？以前都没有看到过”，“太漂亮了，我们能不能把它带回家种在花盆里呢？”……最后，还是平日里最爱看书，被大家称作“智多星”的小杨嘀咕了一句：“这个应该是蘑菇的一种。”唯一的女孩子小美质疑道：“智多星，不对吧，我们之前见过的蘑菇可都是不穿这种裙子的。”小杨一下子也没了主意：“我也不确定，要不我们把摘一棵，给杨老师看看。他是自然课老师，肯定知道的。”

就这样，他们小心翼翼地将蘑菇从泥土中挖了出来，双手捧着向杨老师家走去。杨老师将大家请入后，很快弄明白了学生们的来意。杨老师扶了下眼睛，然后微笑地对大家说：“你们拿来的这个叫竹荪（图 11），是蘑菇（别称蕈菌）的一种，不仅可以食用，而且还很美味。它还有其他两个名字——竹参和竹笙，在蘑菇界中素有‘山珍之花’‘菌中皇后’，以及‘雪裙仙子’之美誉。你们看，它是不是很漂亮啊？”杨老师喝了口水，接着说：“竹荪多生长在枯竹的根部，是一种隐花菌。它营养丰富，滋鲜味浓，自古就同银耳和猴菇菌等被列入‘草八珍’。”看着孩子们一个个嘴馋的样子，杨老师突然话锋一转，认真地说：“你们这些小馋虫给我记好了，不是所有的蘑菇都能吃哦，在我国发现的毒蘑菇（又称毒蕈）早已经超过了一百种。其中，毒性较低的蘑菇虽不在少数，但是高毒性的‘毒物’也大有‘菇’在。比如：鹅膏菌、毒蝇伞、狗尿苔、大鹿花菌和赭红拟口蘑都是常见的毒蘑菇。毒蘑菇误食后如果医治不及时，便会发生死亡。所以，大家千万不要在外边采到什么就拿回家吃啊！”

图 11　杨仁智等提供的竹荪照片

看到同学们纷纷点头，杨老师微笑着抛出了一个问题：“轮到我问你们了，蘑菇属于什么种类的生物？”这下同学们傻眼了，你看看我，我看看你，一个个都是想说但又不确定的样子。最后，还是大家推举智多星作代表回答。他说：“肯定不是动物，因为蘑菇不长肉。我觉得应该属于植物，妈妈有时带我去菜市场，我看到蘑菇都是当蔬菜来卖的。”大家觉得小杨说的有道理，一个个都在点头，还有给他竖大拇哥的。但是，杨老师却笑着摇了摇头，说：“首先动物是可以排除掉的，但蘑菇也不是植物，它们没有叶绿体和叶绿素，无法进行光合作用。它们都是异养型生物，是自然界中的分解者，能够把动、植物残体中复杂的有机物分解为简单物质，进而吸收利用，它们属于微生物。”

智多星很快举起手来，不服气地说：“杨老师，微生物我知道的，像细菌、病毒和真菌等就都是微生物。但是，微生物不都是些个体微小，肉眼不可见或看不清楚的小不点吗？”杨老师点点头说：“不愧是智多星啊，懂的还真不少。你说的没错，绝大多数的微生物都是个体微小的，有的甚至只有十几个或几十个纳米大小。但是还有些微生物是肉眼可见，人们将其称为大型真菌。像我们常吃的金针菇、蟹味菇、口蘑、平菇，以及你们今天采到的竹荪都属于此类。而且我告诉你们，有的大型真菌比这些蘑菇还要大许多哩。目前，世界上已发现的最大真菌长约10米，宽近90厘米，厚度约为5厘米，重量更是达500千克（半吨）！这种真菌名为椭圆嗜蓝孢孔菌（隶属担子菌门，锈革孔菌科），最早由北京林业大学崔宝凯和戴玉成发现。同学们你们说，蘑菇是不是微生物中的巨人，椭圆嗜蓝孢孔菌又是不是大型真菌中的巨人呀？”……

目前，世界上公布和描述过的真菌种类已超12万种。其中，可以形成大型子实体（高等真菌的产孢构造，由已组织化的菌丝体组成）或菌核（真菌生长到一定阶段，菌丝体分化、纠结在一起形成的颜色较深且坚硬的颗粒）组织的超6 000种，可供食用的逾两千种，可大面积人工栽培的也已有几十种。我国食用菌资源十分丰富，据不完全统计种类在1 000种上下，可人工栽培的逾50种。金针菇是当前工厂化种植最为成熟的品种，而实际上人们餐桌上的金针菇也都是人工种植出的。人们在感叹微生物物种之丰富、形态之多样的同时，可怀着一颗感恩的心，细细品味大自然馈赠给我们的这些珍馐美味，其中滋味一定精彩。

24 化身祥云的灵芝

灵芝，又称神芝、灵芝草、芝草、瑞草和仙草。从常食灵芝，而寿高八百的彭祖，到历经艰险，从峨眉山盗回具“起死回生”之效仙草的白娘子，民间关于灵芝的传说和神话故事可谓多多。而在每一个传说和故事中，灵芝均是以“灵丹妙药”的形象出现。

人们喜爱灵芝，将其菌盖表面的环形轮纹进行抽象加工，化身祥云，更是赋予其吉祥如意的含义。从古代供达官贵人把玩的玉石如意到现在天安门前的华表，其形象已深入人心，成为中华民族特有的文化象征。2008年，北京奥运会的祥云火炬，也是采用祥云这一典型中华文化元素进行设计制造的。

灵芝之所以能够成为中华文化的一种元素，与其神奇功效密不可分。作为我国最早的药学著作之一，《神农本草经》是最早论及灵芝的药学著作。该书收载药品365种，并将所载药品划分为上、中、下三品。其中，凡上品药皆为有效且无毒者，而灵芝正位于上品之列，被认为具备“久食轻身不老，延年神仙”之效。明代李时珍所著《本草纲目》中也有关于灵芝的记载——主胸中结，益心气，补中，明目，补肝气，益精气，坚筋骨，增智慧，好颜色。然而，受时代和科学技术水平所限，再加上儒家思想和道家文化的推崇，以及皇权政治的影响，古人对于灵芝的认识存在局限性，并带有一定的迷信色彩。

灵芝属（*Ganoderma*）真菌属于多孔菌科（Polyporaceae），可药食两用。据不完全统计，全世界有灵芝108种，而我国拥有其中的76种，包括灵芝亚属（55种）、树舌灵芝亚属（20种），以及粗皮灵芝亚属（1种），详细研究过的灵芝逾15种。现代研究证实，灵芝含有多糖、核苷、三萜和甾醇等多种生理活性成分，具有提高免疫力、降血糖、抗神经衰弱、缓解更年期不适、保肝解毒，以及抗肿瘤等多种功效。

灵芝孢子是灵芝的“种子”，更是其精华之所在，是灵芝成熟时释放的一种褐色颗粒，直径5～8微米（通俗点讲，一根头发丝的水平断面上可以平铺

100 粒左右的灵芝孢子）。灵芝孢子从结构上看有点像核桃，拥有一个坚硬的几丁质外壳，里边存放其精华。这层几丁质外壳在人体内是不能够被分解的，因此只有经过破壁处理之后的灵芝孢子才能被人体所吸收利用。灵芝孢子在野外生长环境中难于收集，但通过人工栽培，辅以套袋和覆地膜等方法便可大量收集，而随着优良品种选育和栽培技术的不断提升，目前每 100 千克的灵芝普遍可采收 20 千克（或以上）的孢子粉。灵芝孢子粉有一种真菌特有的清香味，口感滑腻，大多数品种没有苦味（良药不苦口），在效果上也要优于灵芝子实体（高等真菌的产孢构造，由已组织化的菌丝体组成）。

袋料栽培是目前普遍运用的灵芝栽培方式，所用培养料主要包括碎木屑和段木两种。以木屑栽培出的灵芝质地较为松软，而段木栽培灵芝质地则较为坚硬（质地可作为评判灵芝品质的重要指标）。相比于野生灵芝，人工栽培段木灵芝具有质量可控、品质稳定、有效成分含量高等优点，还避免了野生灵芝来源复杂、虫蛀、重金属超标等情况。

灵芝生长周期如图 12 所示。

1. 灵芝菌椴木移载下地

2. 灵芝成长初期

3. 灵芝菌伞成型

4. 菌伞颜色变深，灵芝成熟

5. 灵芝进入喷粉期

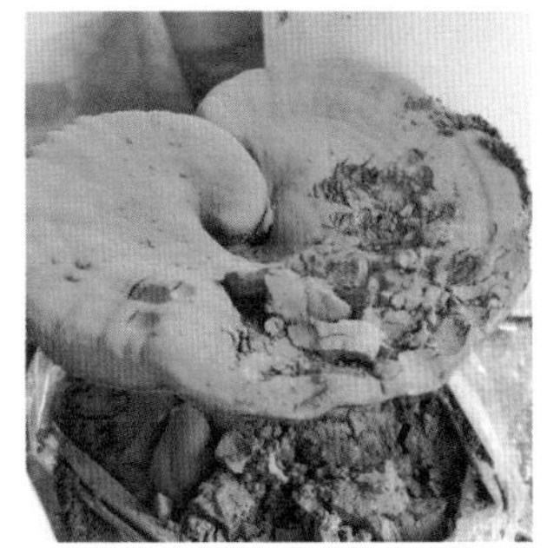

6. 套袋收集孢子粉

图 12　灵芝各阶段生长概况

灵芝作为传统中药和典型药用真菌的代表，由于功效显著，受到了越来越多追求天然保健产品人士的青睐。但是，目前灵芝产品的开发和应用尚停留在较为初级的阶段，关于灵芝的研究也有待继续深入。随着科学技术的不断进步和开发力度的日渐加强，相信今后人们一定可以从灵芝宝库中开发出更多成分确定、功效明确的健康产品和药品。灵芝将继续以祥云之姿，照拂华夏这片热土。

25 螺旋藻的那些事儿

近年来，随着人们生活水平的不断提高，“吃得好”“吃得健康”已取代“吃得饱”成为了人们的重点关注对象。螺旋藻因富含蛋白质（65% 左右）、多种氨基酸（如亮氨酸、异亮氨酸、赖氨酸、苯丙氨酸、缬氨酸和苏氨酸等）、维生素（如维生素 A、B_1、B_2、B_6 和 E 等）、微量元素、碳水化合物（如多糖）、藻青素、叶绿素，以及多种生物活性物质，而集保护肠胃、增强免疫力、抗疲劳、抗肿瘤、抗贫血、降胆固醇和防治“三高”等功效于一身。另外，作为一种碱性物质，螺旋藻还可中和胃酸，起到防治胃炎、胃溃疡，以及修复胃肠黏膜的作用。其益处多多，各类保健品在国内外十分畅销，备受人们青睐。

那么螺旋藻究竟是什么？是植物、微小动物，还是其他什么生物呢？其实，螺旋藻是地球上历史最为悠久的原核微生物，属于颤藻科的螺旋藻属。它由单细胞或多细胞构成，呈丝状，长度为 200 ～ 500 微米，直径为 5 ～ 10 微米，人们只有借助显微镜才能一睹真容。由于它或疏松或密实的呈螺旋状扭曲（螺旋数 2 ～ 7 个），外形类似钟表发条，故得名螺旋藻。螺旋藻可以旋转或颤动，细胞内因含有不同浓度的藻蓝素和藻红素，而呈现蓝（绿）色、红紫色或黄绿色，繁殖方式为裂殖（分裂繁殖）。

在自然界之中，螺旋藻多分布于各类水体中（含碱性水体）。最适宜的生长温度在 36℃左右，最适酸碱度相当宽泛，pH 3 ～ 11 均可。此外，还具备一定的耐热性能。人工养殖技术门槛不高，繁殖迅速，目前其国内外规模化养殖的食用品种主要为钝顶螺旋藻、极大螺旋藻和印度螺旋藻。需要说明的是，养殖过程中除了营养和温度，光照条件（主要是光照强度和色度）对其生长有着十分显著的影响（室内培养时，光照强度以 3 800 勒克斯左右为宜，选用冷白光源）。

至此，不禁有人会问：它是怎样被人们所发现并加以利用的呢？相传公元九世纪在非洲乍得湖畔（世界四大天然螺旋藻产生湖泊之一），有个王国名叫卡内姆—博尔努（Kanem-Bornu），这里的人们经常会从湖中采收螺旋藻。到了十六世纪，墨西哥的阿兹特克人不仅自己食用螺旋藻，还会将其制成薄饼兜售，并称其为“特脆特拉脱儿”（音译，意为“石头的排泄物”）。20世纪60年代初期，法国人克里门特在非洲历险之际，惊奇地发现当地的佳尼姆人“天赋异禀”。他们在连年饥荒、自然环境恶劣的情况下，竟身体强健，勇武过人。于是克里门特开始细心观察，发现佳尼姆人会经常捞取乍得湖中的螺旋藻，滤干、晾晒后，将其做成干粮食用，因而精力旺盛、健康长寿。不过，发现归发现，他可从未将螺旋藻当作吃食。之后，人们对螺旋藻的开发、利用日渐升级，到了70年代世界上第一台大型螺旋藻生产机出现在了墨西哥……

螺旋藻产品开发并非一帆风顺，其腥味重曾是产品开发的“拦路虎”。为了解决这个问题，人们首先通过仪器分析明确了腥味物质种类，它们主要为酮类、芳香化合物类、烷烃类和醇类物质。随后，基于前期调研人们又提出了多种除腥方法。当前较为通用的除腥方法主要有四种：其一，酶解法。利用酶的作用，将腥味物质破坏或完全酶解。但该法的不足是没有特异性，螺旋藻中的蛋白营养成分也会因此遭到破坏。其二，萃取法。其三，吸附法。其四，包埋法。将螺旋藻制成胶囊，或是添加矫味剂（如葡萄糖）遮掩异味。当然，单一的方法往往效果不甚理想，实际生产加工中也以上述方法的复合运用为主。

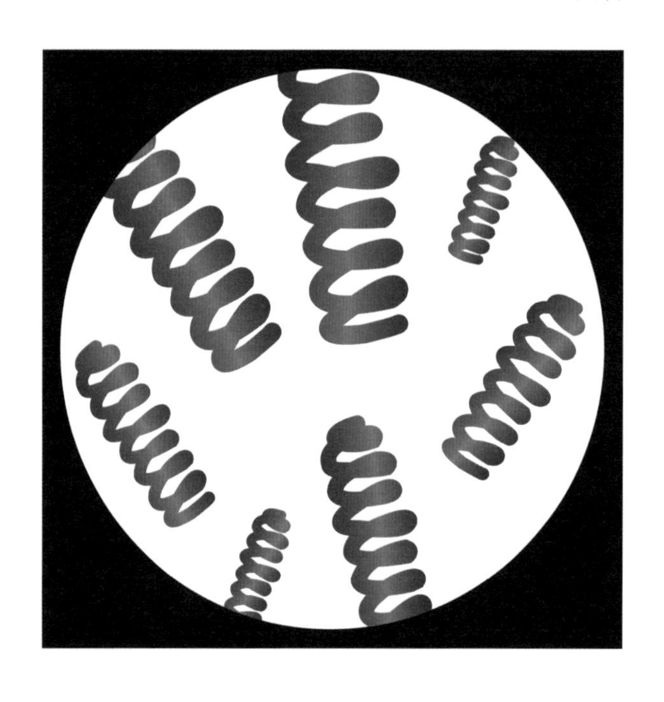

螺旋藻虽然是保健品，但并不适用于所有人，比如儿童就不适合（螺旋藻呈碱性）。当然，少量食用，或是食用前先以水浸泡，再或者是同别的食材一起烹制也是可以的。最后，要明白，人们体质存在差异，有些人吃食（特别是初次）螺旋藻会出现头晕或拉肚子等反应，但这些实属正常。因为，螺旋藻进入人体后，人体会有个适应过程，该过程结束后，螺旋藻就会为人体所“识别”和“接纳”，再次食用时上述症状便会减轻或消失。

26 软黄金——冬虫夏草

每年的4月，青藏高原的冰雪还未完全融化，来自西藏、云南、青海、和四川等地的数十万农民便会顶着刺骨的寒风涌入海拔2 800 ~ 5 500米的高山草甸之中，地毯式地寻找一种被称为软黄金的名贵药材——冬虫夏草。

冬虫夏草，顾名思义就是一种虫草，但它显著区别于普通虫草。它是由冬虫夏草菌（拉丁学名：*Cordyceps sinensis*，麦角菌科真菌）感染蝙蝠蛾幼虫后形成的一种真菌子座与虫尸的复合体。冬虫，是指冬虫夏草菌进入幼虫后，吸收虫体中的营养物质并借机繁殖，最终将其体内组织分解殆尽，形成僵硬的虫体。这种虫体在越冬后会产生菌核（一种特殊菌丝体），菌核外有虫皮包裹。夏草，是说僵化的冬虫在夏季升温之际，体内的真菌子座会突破虫尸头部，露出地面，成小草模样。每年夏天，草甸上的冰雪融化后，便会有成千上万的蝙蝠蛾将卵产在植物的花朵和叶片上。这些卵孵化后，会变成小虫钻进潮湿且疏松的土中，吸收植物根茎的营养快速成长。而当冬虫夏草菌的孢子遇到蝙蝠蛾幼虫以后，便会萌发、钻入虫体，以其为宿主吸收营养，最终形成冬虫夏草。

有人将冬虫夏草誉为天下第一草，更有甚者将其与传统滋补圣品人参和鹿茸并列“中药三宝”之中，其单价堪比黄金。由于野生冬虫夏草产量低下、采摘困难，而人工培育又不易为市场所接受，致使其买卖行情异常火爆。改革开放后，随着市场的放开和需求的激增，其价格日渐高升，现已超人参和鹿茸价格。千禧年以来，因市场宣扬其可显著提升人体免疫力、“包治百病”，且老少妇孺皆宜，再加上一些商家囤货炒作，令其摇身一变步入高档奢侈保健品之列，计价单位也由千克转为克，售价300 ~ 400元/克并不稀奇。

有关“软黄金”的功效，素有争议。清朝汪昂所著《本草备要》中，最早对其药性进行了描述，认为它性甘味平，具有益肾化痰止血之效。不少现代医学研究也表明，冬虫夏草内含多种生物活性物质，如麦角甾醇、虫草多肽、虫草素、虫草酸和虫草多糖等，具有增强免疫力、抗菌、抗氧化、防衰老、降血糖，以及抗肿瘤等妙用。然而，也有不少专家认为，冬虫夏草所含活性成分不过是其他植物中也存在的寻常组分，无特殊功效，且其中还含有砷等重金属，多吃不仅无益于身心健康，甚至还会对人体构成危害。

在我国冬虫夏草主产区中，又以西藏和青海最甚，二者虫草产量分别可达全国总产量的40%和30%左右。每年的4～6月是虫草采收旺季，这段时间中虫草出苗3厘米多，过了这一时间段便会发生枯萎，且其他杂草会快速覆生，令其踪影难觅。

值得警觉的是，多年来对虫草掠夺性的挖掘，使得本就脆弱的高山草甸环境更显不堪，植被破坏和环境污染越发严重。据估算，获取一棵冬虫夏草所翻查的草甸面积约为30米^2，即便按照人均每天采获20根的低水平推算，一个采挖季过后破坏的草甸面积也是一个巨大数字！在我国，采挖冬虫夏草所致草甸破坏面积已不下百万平方米。因此，对其采收行为进行强力管控已十分必要，而这势必将会是一场旷日持久之战。

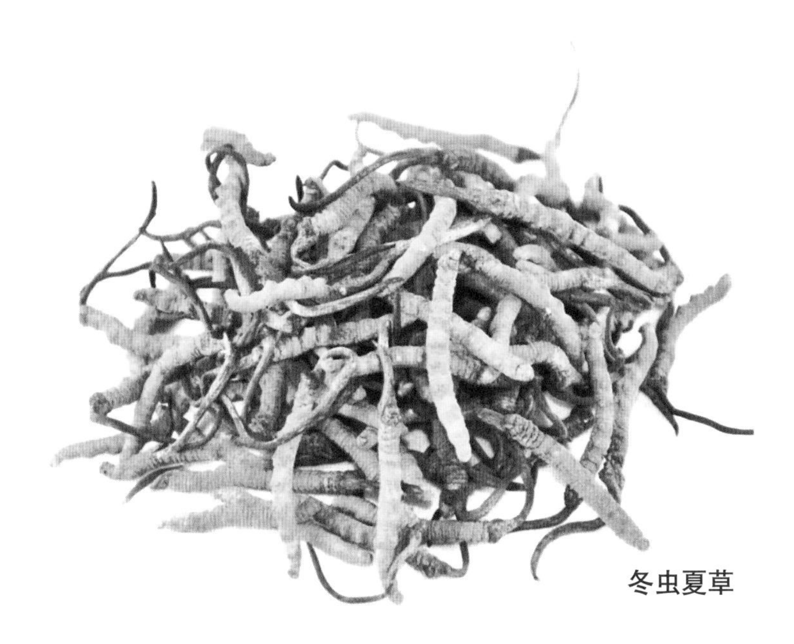

冬虫夏草

27 一个馒头引出的两个道理

2014年春节，笔者带着妻小走访亲朋好友，由于两家走得很近，在姨丈家多住了几日。一日晚间酒过三巡，菜过五味，表哥突发一想，欲借机考验下我这个“大学生”的成色。

表哥拿起手里的馒头，笑眯眯地说：“咱们兰州人爱吃面食，偏爱馒头、饼子和面条。我这些年在深圳工作吃面食的机会可以说是少之又少，每次回到兰州都要大快朵颐，好好解解对面食的相思之苦，走的时候也不忘带上些饼子和油果子之类的。”我接着：“可不是，只有这边的面食才叫正宗，才是那个熟悉的味道，南方是怎么都做不出来的。”

表哥接着说：“南方虽然也有面食，比如：刀切和千层饼，但是吃上去要么是口味不对（偏甜），要么是劲道不足。开始以为是发面的问题，但自己做了很多次就是做不好。我能想到的，可能会是水的问题，毕竟兰州的水质比较硬。但是，不硬的水做出来的馒头为何会发甜呢？更奇怪的还有，一次我索性在回深圳的时候带上了兰州这边发好的面引子，想着这下到了深圳可以做个不甜的馒头吃了吧，结果你猜怎么着？”我想想回答说：“还是甜的，对不对？”表哥无奈地点点头，接着说：“是啊。开始几次还可以，我也每次剩下些面，想着继续留作面引子。但是，过了段时间，口味又回到‘南方馒头’的滋味了。你倒是说说怎么回事？”

思考了片刻，我想到了其中的缘由，便答到：我是研究微生物的，馒头其实和微生物有着不小的关联。首先，我来解释一下为何做馒头要发面。发面是在一定的温湿环境下，让面团里的酵母菌生长繁殖。而酵母菌在它的生长繁殖过程中，会将淀粉作为原料，通过新陈代谢将其转化为糖并吸收利用掉。在这一过程中，酵母菌还会消耗氧气，呼出二氧化碳，这样面团就开始“发胖”。再经过热蒸膨胀，面团便变得松软可口、香气四溢了。发面是先人们在以往劳动过程中偶尔发现并沿用至今的，而利用酵母菌发面的历史也有五千多年了。同小苏打这类发酵剂相比，利用酵母进行面团发酵，不仅口感更佳，营养也更为丰富，便于人体吸收。而所谓的“面引子”，它的作用实际上是做“接种”之用。每一小块面引子之中，都有海量的酵母菌。将其与新和的面揉匀，可以明显加速发面的速度。

弄清楚了发面的生物学原理，下面就要来解释一下为何面引子“迁移”到南方后，就开始了“南式”的发面作用。这里，实际上涉及微生物的一个共性特点——易变异。我们以酿酒酵母（拉丁学名：*Saccharomyces cerevisiae*）为例，在30℃条件下，酿酒酵母一天可分裂12次。以一个酵母菌为起始数，繁殖一天便可以增殖到4 096个！而一小团面引子中的酵母菌，起码是以“亿”作为计数单位的。酵母菌结构简单，与外界环境直接作用，再加上惊人的繁殖速率。那么，即便是在突变率很低的情况下，短时间内也会产生大量的变异个体。深圳同兰州相比，在温度、湿度、水质、酸碱度（pH）等方面存在显著差异。因而，当酵母菌随北方的面引子来到深圳“落户”之后，经过一段时间的适应、变异和衍生，便会形成“新的”酵母菌群体。这时再使用这样的酵母菌进行发面，便会出现“南式”面点的特点。怎么样，是不是挺有趣的。其实，如果下次来兰州时带上一块“深圳面引子”，要不了多久它就会“认祖归宗”，做出正宗的兰州风味面食。另外补充一点，酵母菌是真菌的一种，它的繁殖速率还要明显低于细菌。以人们熟知的大肠杆菌（拉丁学名：*Escherichia coli*）为例，在条件适宜的情况下16分钟左右便会繁殖一代，一天后的大肠杆菌数量那可就是一个天文数字！

亲戚们听完对话，开怀大笑。姨丈伸出大拇指道：“原来，平日的生活琐事之中，竟然还藏着这样的学问。这个年过得好，不光联络了感情，还增加了知识，其乐融融……”

28 制曲酿酒

“葡萄美酒夜光杯，欲饮琵琶马上催。”“天若不爱酒，酒星不在天。地若不爱酒，地应无酒泉。”“酒逢知己千杯少。”……哈哈，字里行间无不透露出古人对酒的偏好与赞美，通过吟诵这些诗词便能从中“闻到”酒味，找到酒缘，抒发酒兴。我国既是产酒大国，也是饮酒大国，更是有着悠久酿造历史的文明之邦，酒文化博大精深，源远流长。先人们以其超卓的智慧和闻名于世的勤劳铸就了中华特有的酿酒之术，堪称神技。现在世人们还能在一些流传下来的典籍中找到关于酿酒技术和经验的详细记载，诸如北魏时期的《齐民要术》（贾思勰著）、宋朝的《北山酒经》（朱肱著），以及明朝的《天工开物》（宋应星著）等均在其列。

对酒了解的朋友们都知晓酿酒之前要制曲，那么曲是什么呢？曲实际上是酒的发酵剂，把炒熟（或煮熟）的谷物放置一段时间，谷物表面便会长出微生物（霉菌等），而这些微生物便是曲（又称作酒曲）。运用曲法酿酒，可谓我国劳动人民的独特创造，亦有“中国古代第五大发明”之说。我国有着很长的制曲酿酒史，早在先秦时期便有记载。当时的甲骨文中就出现了“酒”和“醴”，还记载了“茜醴”（以草对醴进行过滤，以获取品质更好的酒）。《尚书·说命下》中也有“若作酒醴，尔惟曲蘖”的记载。此外，更有“酒醴须曲蘖以成”的说法，认为造酒必须用曲，而制醴离不开蘖。至此，善于发散思维的读者朋友就会发问：为何后来就只有曲而没有蘖了呢？关于这一问题，古人早就给出了答案。《天工开物》的作者宋应星认为“古来曲造酒蘖造醴，后世厌醴味薄，遂至失传”，即以蘖酿造出的醴酒味淡薄，人们不喜欢，而失去了群众基础后，醴的失传也就在所难免了。

那么，上述的曲和蘖究竟为何物呢？实际上，商代以前的曲是米曲霉，而蘖是指麦芽。曲和蘖酿造之物分别被称作曲酒和麦芽酒（甜酒），二者在商朝是共存的。后来就是由于麦芽酒“味薄”，以致周朝时这一制酒工艺开始衰亡。

先秦时期的酒曲都是散曲，进入汉朝之后才逐渐出现了饼曲，而汉至北魏时期酒曲制造工艺的最大特点便是完成了由散曲到饼曲的转变，酒曲种类也呈多样化。同散曲相比，饼曲的制造技术更为复杂，需要消耗更多的人力物力。然而，饼曲的优势就在于其具备更强的糖化发酵能力（源自其中的微生物，包括霉菌、酵母菌、细菌）。饼曲中的微生物生长习性各不相同，如霉菌主要生长于饼曲的表面，而酵母菌则生长于内部，这也解释了为何饼曲能够更大幅度地提高酒精度（饼曲中酵母菌的数量高于散曲）。东汉时期的《四民月令》记载了当时饼曲制作的二阶段过程：第一阶段为散曲制作，第二阶段是在散曲的基础上制作块曲（汉朝的块曲即为手工捏制的饼曲）。北魏时期的《齐民要术》中更是记载了多种酒曲，包括颐曲、三斛麦曲、白醪曲、河东神曲、大州白堕曲、秦州春酒曲，以及神曲等。这一时期酒曲的制作工艺也基本成熟，对制曲过程所涉及的温度、原料和管理等都有明确的要求，酒曲质量得以保证。到了唐宋时期，酒曲制作工艺已完全成熟，并新融入了人工接种技术（用旧曲接种新曲），更好地维持了酒的品质与风味。此外，中草药被广泛应用于酒曲制作之中。中草药对酒曲中有益微生物的生长具有促进作用，对杂菌则呈抑制作用，还能够增加酒的风味，可谓益处良多。作为由传统麦曲分化而来的大曲，在元明清时期实现了快速发展。同麦曲主要酿造黄酒相比，大曲主要用于酿造蒸馏酒，而为了方便曲块的叠放、搬运和散热，大曲多被制成长方体砖块状。当前，我国以酒曲酿造的蒸馏酒（白酒）呈现若干类型，如浓香型（以泸州老窖和五粮液为代表）、酱香型（以茅台酒为代表）、清香型（以青稞酒和山西汾酒为代表），以及兼香型（以口子酒为代表）等。

制曲酿酒是我国自古有之的独特酿造技术，是中华文明的瑰宝与见证，继承和弘扬优秀酒文化，是当代人的责任与义务，势在必行。

29 古人为何偏爱银器

在中国古代，只有王侯将相这样的显赫门庭才能拥有银器。因为，这不仅是财富的象征，更是身份、地位和等级的体现。随着银器的大量生产和使用，人们渐渐发现，当银器遇到有毒物质时会呈现灰色或黑色。因此，古人常用其来检测饮食是否有毒。然而，当时人们对于白银验毒的功用只知其然，并不知其所以然。直到近代，经科学家们潜心研究，银器验毒之谜方才得以解开——银与含硫物质接触时，会在表面发生化学反应，生成黑色的硫化银。古时常见的剧毒物质砒霜（三氧化二砷）因含有微量硫元素，故能够被银器验出。但并不是说所有能使银器变黑的物质都具毒性，比如鸡蛋黄也可使银器变黑，但它并没有毒性。同理，并非所有的有毒物质都能使银器变黑，像氰化钾和氰化钠纵使毒性剧烈，但因其不含硫元素，故也无法被银器检出。由此可知，民间广为流传的银器验毒之说存在一定的偏颇。

古人喜爱银器的另一个原因是，它们作为餐具使用时能够防止食物腐烂，延长食物的存放时间。比如，银碗盛放的马奶就要比普通碗盛放的保存更久，且奶香更为醇正。银制餐具良好的防腐保鲜功效是与银离子强大的杀菌能力密不可分的，有研究数据显示，每升水中，只要存在五千万分之一毫克的银离子，便可杀灭水中的所有细菌；用银电极处理3小时，即便是每毫升含有七千余个大肠杆菌的50加仑（1加仑约为3.79升）污水，其中的大肠杆菌也会被消灭殆尽；白喉杆菌在银片上的存活时间为3天，而伤寒杆菌更短，仅有18个小时。银离子之所以有如此惊人的杀菌能力，主要是因为它溶于水时，首先会强力吸引细菌与之结合，然后破坏菌体的细胞结构，使其赖以生存的酶丧失活性。而当菌体死亡、裂解后，银离子又会从中脱离出来，继续重复上述过程。因此，银离子的杀菌能力是持久性的。另外，研究人员发现，银离子不仅杀菌能力强，杀菌种类还十分广泛。与普通抗生素平均只能应对6种病菌相比，银离子可以杀灭600多种的有害微生物！

正是因为银具备良好的杀菌能力，且微量时对人体无害，人们常常将其用于医疗领域。比如，在不锈钢针问世之前，中医针灸所用刺针即为银针；女性穿耳洞后佩戴银耳环可有效避免创口发炎；古代战场上，若士兵受伤且无药医治时，便会将身上的银两打成银片，贴于伤口上，加速愈合、防止感染。不仅是中医，西医也深谙银制剂的医学功效。早在一百多年前，西医便有用银治疡的记载。比如，至今仍被许多国家所采用的 Crede 预防法即是于 1884 年由德国产科医生 Crede 所创立，以浓度 1% 的硝酸银溶液点滴新生儿眼睛，预防结膜炎发生的一种有效措施。该方法的运用，使得婴儿的失明率由 10% 降低至 2‰。再如，磺胺嘧啶银，它具备高效的杀菌能力，有助于伤口恢复，在外伤（如烧伤）治疗中的作用不可或缺，是《国家基本药物目录》（2012 版）在列药物。此外，人们还利用银的杀菌能力，开发出了镀银缝合线和镀银导尿管等器材，银纱布和银药棉的产生更是为脓疮、溃疡等的治疗提供了便利和保障。

然而，人们对于银应当理性待之。它并非十全十美，也有着一定的局限性，甚至是风险！研究发现，纳米银会对人体肺部、神经，以及皮肤细胞产生毒害

作用；会渗入大脑，随血液循环扩散至全身；会干扰精子细胞信号，阻止精子生长，进而影响男性的生殖能力；极易通过胎盘进入新生儿体内，引发男性胚胎生殖系统缺陷……再加上当下许多银制器具实为合金镀银，并非纯银，合金材料析出后，健康隐患更多。此外，银制器具虽然可以防腐保鲜，但导热快（易烫嘴）、质地软、易被氧化等缺点也常为人诟病，需要定期养护。

最后，需要说明的是，与银同族的铜也具备极强的杀菌作用。有研究人员发现，铜制器具可以杀灭其上 90% ~ 95% 的细菌。因而，铜在食品行业和医学中也有着十分广泛的运用。比如，产自法国的波尔多红酒，正是由于波尔多液（有效成分为碱式硫酸铜）的保驾护航，阻止了病菌对葡萄（树）的侵害，才得以获取优质原料，享誉全球。又如，日常生活中，一些进出通道的门框上会安装铜推手，以防病菌传播……

30 SARS 留给我们的不仅是痛

2003 年注定是刻骨铭心的一年，因为当时绝大多数人都经历了那场席卷全球的 SARS（Severe Acute Respiratory Syndrome，严重急性呼吸综合征）疫情，也就是我们俗称的“非典”。当年笔者还在大学就读，外出一段时间返校后即被隔离（住校招待所单间），过着每天不用上课，还有人送饭、送杂志的悠哉日子。年少无知的笔者当时还暗自庆幸遇到了好事情，后来通过媒体方知自己没有被灾难降临到。这场疫病横扫整个东南亚，世界多个国家和地区受到波及。在我国，2002 年在广东顺德地区率先发作，很快疫潮便从南至北蔓延开来。据世界卫生组织 2003 年 8 月中旬发布的公告，全球 SARS 病例共计 8 422 例，32 个国家和地区有疫情。我国官方通报数据显示，大陆地区共 5 327 例，349 人丧生；香港地区 1 755 例，300 人丧生；台湾地区 655 例，180 人丧生。疫情蔓延之迅猛、控制之难、损失之惨重远超人们预料！

十多年之后的今天，当年感染“非典”的幸存者现仍旧未能摆脱“非典”的阴影缠绕。这是因为他们当中的许多人当时是通过大量服用药物得以幸免，同时患有肺纤维化、慢性胰腺炎、股骨头坏死、糖尿病和肺结核等十余种疾病的病患不在少数，每天都要面对着瓶瓶罐罐，终日与药物为伍。感慨啊，悲痛啊，无力啊！不禁要问，究竟这可怕的劫难是由什么引发的？

2003 年 4 月中旬的一天，世界卫生组织给出了答案。该组织宣布一种新型冠状病毒（coronavirus，CoV）为引起 SARS 的病原物。实际上，冠状病毒是一类具包膜的单链 RNA（ribonucleic acid，核糖核酸）病毒，直径 100 纳米左右。根据 2012 年国际病毒学分类委员会的议定结果，该病毒可分为四大类，分别是 α、β、γ 和 δ 类冠状病毒。其中，β 类又下设 A、B、C、D 四个谱系。感染人类的冠状病毒目前已证实六种，它们是人冠状病毒 OC43（HCoV-OC43）、人冠状病毒 NL63（HCoV-NL63）、人冠状病毒 229E（HCoV-229E）、香港 I 型人冠状病毒（HCoV-HKU1）、中东呼吸综合症冠状病毒（MERSCoV）和严重急性呼吸道综合症冠状病毒（SARS-CoV）。其中，MERSCoV 和 SARS-CoV 呈高致病性，对人类威胁最大。

回首往事，SARS 之所以能够给人们留下如此深刻（甚至可谓难以磨灭）的印象，一方面是“天灾”，而另一方面则也有“人祸”的因素。说其是天灾，是因为病原自然发生，无声无息，起初甚至连怎么回事都不清楚，也无前例可寻。说是人祸，则是指个别地区和部门在初始之际存在轻视和隐瞒之举，应对乏术，再加上病因迟迟不明，社会上风传种种，甚至有人一度认为喝醋、服食板蓝根可有效治疗并大肆散布等，致使疫情的黄金研究、控制期白白蹉跎，恐慌加剧，危害、损失升级。所幸，这场 SARS 疫情终于在 2003 年下半年得以有效控制。

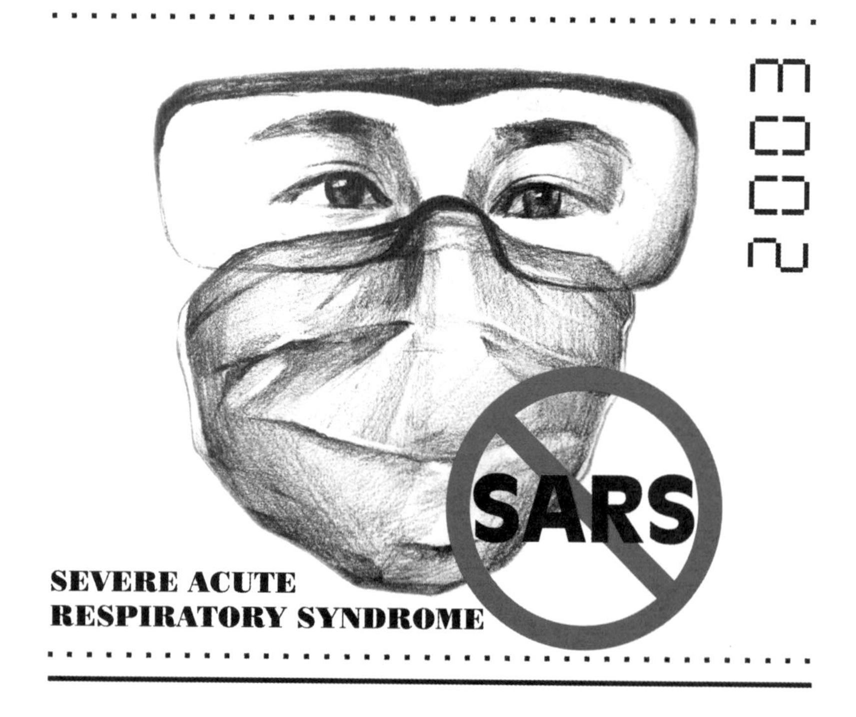

然而，一切都该告一段落、万事大吉了吗？没有！至今仍有多个谜团尚未彻底解开，比如，它是由单一病原感染所致，还是多病原所致？这种（些）病原源自何处？它（们）的自然宿（或寄）主是谁，是果子狸吗？血清学研究显示蝙蝠是 SARS-CoV 病毒的原始宿主，但它的传播需要类似果子狸这样的中间宿主做“二传手”吗？

疫情的应对，以及防疫体系的构建并非与生俱来，也非一日之功可成，更不能指望别国友情援助，最可靠的还是我们自己。在经历了 SARS 和禽流感这样的大疫之后，虽然损失、伤病令人扼腕，但我们从中也汲取到了宝贵经验，突发性传染病应对体系正在逐步完善，功效日益强大、有力。人民群众应该淡定、从容，偶遇类似事件时不传谣、不信谣，完全信任、依靠国家和政府。相关医护工作者、科研人员和专家学者们更要勇于担当，对得起国家、对得起群众、对得起职业、对得起自己，直面各类挑战，不畏艰难危险，以科学、从容、自信之姿积极应对。衷心希望 SARS 这样可怕的大疫情不要再发生，过往的种种经历能够激励人们前行，且更为坚定、更为自信和更为团结地前行！

31 破伤风的由来

日常生活中，人体难免会遭受一些外部伤害，比如磕破了膝盖、被锋利的玻璃片或金属片割伤手指，皮肤被金属或坚硬的塑料划破等。这些伤害所形成的伤口，通常做好清理和消毒后，进行简易包扎即可。但是，当人们被铁钉，特别是生锈的铁钉扎伤时，医生往往会建议当事人注射破伤风疫苗，避免破伤风发生。那么，破伤风究竟是由什么引起的呢？

破伤风是一种由破伤风杆菌（拉丁学名：*Clostridium tetani*）引起的特异性感染。破伤风杆菌作为一种条件性致病菌，广泛存在于淤泥、土壤和粪便之中，一般情况下不会引发疾病。其环境适生能力十分顽强，在土壤中可存活数十年，煮沸条件下仍可耐受 40 ~ 50 分钟。破伤风杆菌为专性厌氧菌，周生鞭毛（菌体上细长且弯曲的丝状物，可供微生物运动之用）。当人体皮肤或黏膜出现伤口时，破伤风杆菌便会从伤口侵入，并开始繁殖。一般说来，引发破伤风杆菌繁殖的主要原因是由于伤口受到感染，形成局部厌氧环境，比如：又窄又深的伤口，伤口同时被好氧菌和兼性厌氧菌感染，以及伤口被坏死组织、泥土或其他异物污染。

破伤风杆菌作为非侵袭性细菌的一种，引发患者发病主要是因其能产生两种致病毒素：一种是对神经有特殊亲和力的痉挛毒素，该毒素能引发特征性阵发痉挛或肌肉持续性收缩。另一种则是溶血毒素，该毒素可损伤心肌或造成局部组织坏死。破伤风杆菌在人体中的潜伏周期长短不一，通常与创伤性质、部位、伤口处理情况，以及病患先前是否打过预防疫苗等相关。大部分破伤风患者一般会在受伤后的两周内发病，但也有潜伏数月甚至数年的（也有受伤 24 小时内就发病的）。通常，潜伏期越短，发病越严重，死亡率也越高。

当天气适宜，户外活动增多时，破伤风感染者人数也会随之增加。在战场上，破伤风感染率更是可达 25% ~ 80%。所幸，发病率仅仅是被感染者的 1% ~ 2%。对伤口进行正确有效的处理确实可以降低破伤风病发率，对于表皮蹭伤，且伤口不深者，适当进行创面清洁，或以红药水和碘酒等进行简易消毒即可；若创面已经干燥，又无液体渗出时，也可免去消毒药水擦拭；而当伤口是由生锈的铁器（如铁钉）扎（划）伤时，又或者是伤口较深且沾染泥土等污物时都应尽早注射破伤风抗毒素。

破伤风发病时，其临床表现较为特殊，易于诊断。初期病人会出现张口困难、头痛和头晕等症状；甚者会出现牙关紧闭、肌肉强直性痉挛、腰部上挺、“角弓反张”等症状；更为严重者在受到光线、响动，以及声音等的刺激时，会发生窒息和吞咽困难等症状。因此，医生在评判患者是否为破伤风感染时只需依据其临床表现及有无外伤史即可，无需微生物分离培养和其他细菌学证据。

破伤风的及时诊断对于患者的有效治疗和痊愈而言至关重要，早期诊断时应不论伤口大小和深浅，只要病患有过外伤史（即便伤口较小或已愈合），甚至是流产、分娩、手术等创伤感染史，当出现张口困难、颈部发硬，以及肌肉紧张等症状时，都应考虑患有此病。此外，对于疑似破伤风患者，即便其伤口分泌物培养呈阴性，亦不能完全排除患病可能。可采用被动血凝分析法测定病患血清中破伤风抗毒素抗体水平，当抗毒素滴定度超过每毫升 0.01 个单位时方能予以排除。

临床诊断时，应注意与其他可引发肌痉挛的疾病进行区分。比如，狂犬病患者会表现吞咽肌抽搐，听见水声或看见水时，咽骨即刻会出现痉挛、剧痛，喝水也无法下咽，同时还会流大量口涎。再如化脓性脑膜炎，同破伤风病发症状相似，均有颈项强直和“角弓反张”现象，但化脓性脑膜炎患者无阵发性痉挛，而是出现剧烈头痛和高热喷射性呕吐等症状，且脑脊液压会升高。

破伤风治愈率低，一旦患病死亡率较高。人们在平日里一定要注意、警觉，尽量避免伤口感染，对于任何创伤均不可掉以轻心，应及时就医治疗，防患于未然！

32 禽流感

禽流感全称鸟禽类流行性感冒，它是由禽流感病毒所引发的一种传染性疾病。参照流感病毒分类标准，禽流感病毒属甲型流感病毒，是最易发生变异的一类。而根据其对鸡的致病性强弱，又可分作高、中、低（或非）致病性三个等级。目前，已发现能够直接感染人类的禽流感病毒亚型（同一病毒的不同基因型）主要包括：H5N1、H7N1、H7N9 和 H9N2 亚型等。其中，又以 H5N1 和 H7N9 亚型为害最为严重。

禽流感专门感染禽类吗？当然不是！起初禽流感并不会传染人类，最早关于禽流感的记录可追溯至 1878 年在意大利发生的鸡瘟。随后，在 1901 年人们将其“元凶”称作过滤性因子或鸡瘟病毒（Fowl Plague Virus，FPV）。1918 年暴发的“西班牙流感”在三年左右的时间里，在世界范围内造成了近十亿人感染，近四千万人丧生，波及北美洲、欧洲，以及亚洲等多个国家和地区（之所以称之为“西班牙流感”并不是因为该疫情始于西班牙，而是因西班牙受损惨重——不仅当时感染者就有八百万人之多，其中更是包括了西班牙的国王）。后经查验，发现其始作俑者竟是禽流感！这次的疫情大流行让人类第一次感知了禽流感的威力和恐怖之处。再往后，人们发现新城疫病毒（Newcastle Disease Virus，NDV）也可引发鸡瘟状疾病（俗称“鸡瘟”）。于是，为了将二者进行区分，前者被称作欧洲鸡瘟病毒或真性鸡瘟，而后者被称作亚洲鸡瘟病毒或伪性鸡瘟。需要说明的一点是，并不是所有的禽病毒都会引发鸡瘟，有的可呈健康携带状或静默感染。

那么，禽流感病毒是怎么出现的呢？这个问题真的不易作答。因为，病毒不像植物和动物可以通过化石进行研究。有关其起源，现阶段仍停留在假说阶段，主要的说法有：禽流感病毒源自退化的细胞器，或源自退化了的细菌，亦或是病毒同细菌的共同进化产物。禽流感病毒属于正黏病毒科，由三部分构成——核衣壳、包膜和刺突。其中，核衣壳又分为核心和衣壳。核心由八股

RNA 片段组成，外面有蛋白质构成的衣壳围绕。核衣壳外面为包膜，包膜上长有刺突。刺突种类分两种，一种为血凝素（Hemagglutinin，HA），另一种则是神经氨酸酶（Neuraminidase，NA）。平日里，人们听到有关禽流感播报时的“H*x*N*x*”中的 H 和 N 指的就是上述血凝素和神经氨酸酶的种类。目前，人们认为 H 有 15 个亚型，N 有 9 个亚型，所以 H*x*N*x* 共计 135 个亚型（另有 144 个亚型之说）。

禽流感病毒虽然厉害，但它无法离体独自存活，只有在宿主细胞中时才能进行繁衍。其实，任何生物都存在生存和发展两种需求。对于禽流感病毒而言，发展就是要繁殖更多的病毒个体，生存则是要长久地活下去。然而，细胞中的资源是有限的，病毒数量多了，宿主细胞便会死亡，所以其生存和发展是处于动态平衡之中的。最初的禽流感病毒可能潜伏在野鸟之中，有一天它“心血来潮”跑到鸡群中打了个喷嚏，碰巧喷嚏里又存在禽流感病毒，而更为碰巧的是这种禽流感病毒还感染了鸡。于是，鸡只能自认倒霉，成为该病毒的新宿主。实际上，禽流感病毒在野鸟中潜伏、进化，产生变异并感染鸡。人类大多也由于不知道会发生此类感染，而将野鸟和鸡进行隔离处置。此外，由于鸡是群居性动物，这就为不同禽流感病毒在同一鸡群中传播提供了现实基础，会出现不同亚型病毒同时感染同一宿主细胞的情况。于是，病毒重组便会在这一细胞中发生。以现阶段毒力最为强劲的 H7N9 亚型病毒为例，它就是由来自东亚地区

野鸟的禽流感病毒和上海、浙江、江苏鸡群的禽流感病毒基因重组而成。据不完全统计，自发现人感染H7N9病毒以来，全球共计报告约1 600起病例。其中，中国内地报告病例超750起，已造成上百人死亡。

禽流感虽然百变莫测、厉害异常，但是人类也在不断总结和进步，现已提出了能够有效应对人感染禽流感的预防和治疗对策。从预防角度看，主要包括：①控制禽间病毒传播，提高养殖、屠宰和流通各环节的安全卫生水平；②持续开展健康教育和卫生防护；③严格进行监控的同时，做好疫情流行应对准备。在治疗对策方面，则应在适当隔离的条件下，酌情开展抗感染和对症维持等工作。相信在不久的将来，各种“新型武器”和应对策略必将涌现！

33 死亡梦魇——黑死病

黑死病一词出现在16世纪的欧洲，据传最早是由瑞典和丹麦的专家提出的，而这一称法“大行其道”则是在德国人海克尔发表题为*The black death*的论著之后。有关其名称的由来，目前有两种流行说法：其一，因为其最初症状是在腹股沟或腋下出现淋巴肿块，随后胳膊和大腿等部位会长出青黑色疱疹，且致死率极高，故得名“黑死病”。其二，源于对“pestis atra”（恐怖的疾病）或“atra mors”（黑色、骇人之义）一词的谬译，暗示给人们造成巨大麻烦的恐怖阴霾。

受中世纪欧洲医学水平所限，当时的人们无法正确认知黑死病。关于其致病原因，也多为猜测，难以令人信服。直到1898年，才由法国人保罗·路易·西蒙(Paul Louis Simond，细菌学家)明确黑死病的“罪魁祸首”源自啮齿类动物(特别是老鼠)间流传的疫病，黑死病同鼠疫之间也由此画上了等号。

14世纪中叶，全世界死于黑死病的人数约为7 450万人，这其中有三分之一发生在欧洲（约2 500万人），而当时整个欧洲的人口也仅仅同全世界那场疫病所致死的人数相当。这一时期后来被西方学者称为“中世纪最黑暗的年代”。至今，纵观人类历史能出其右者也甚寥寥。根据发病部位的差异，可将其分成以下三类：其一，出现结节肿的淋巴腺鼠疫。它会感染血液，引发腹股沟腺炎和内出血，并可通过接触传播。其二，肺鼠疫。它能使淋巴结肿大，并伴有淋巴腺炎症，患者可能会在数日内丧命。这种疫病可作呼吸传染，是危害等级最高的一类瘟疫！其三，败血症鼠疫。亲身经历过1348年那场令人丧胆瘟疫的著名佛罗伦萨作家薄伽丘在其大作《十日谈》中有对该病的细致描述——患者死前会流鼻血，大腿内侧和腋下有苹果和鸡蛋大小的肿块出现，随着病情的延续肿块会蔓及全身。再往后，会在两臂和大腿之上出现密集的黑斑，并逐渐扩散至全身。病患死亡率极高，即便能够侥幸存活也要被施以隔离。

后来，美国历史学家巴巴拉·W.塔奇曼在《远方之镜：动荡不安的14世纪》

一书中指出：黑死病源于中国的假说，是那个时代的谬误。欧洲在十到十三世纪的过度开垦，生态平衡丧失，以及各种天灾和疾病才是那场瘟疫大暴发的根本。一个“旧世界”的完结，必然伴随着“新世界”的到来。黑死病对当时欧洲所造成的冲击和破坏是十分巨大的，人口锐减的同时，还在思想和政治层面动摇了封建统治，使当时世人的价值观和世界观发生了巨大的变革，并对其后社会的经济、科学技术、文化、政治和宗教信仰等产生了深远影响，社会前进的轨迹也因此变更。诸如现代西方人生活方式和商品经济的雏形，近代西方科学技术与医学研究的源头，以及举世皆知的文艺复兴和思想解放运动等均可溯源至此。

就是如此的讽刺，令人丧胆的黑死病，成为一系列良好开端的“引线”。然而，正视历史之余，警钟也在耳边响起，只有人与自然和谐相处，彼此才能共存，所谓的“赢”，其实是一种相互间的妥协。

34 细菌战，生物恐怖主义

什么是细菌战？简单来说就是以细菌为武器进行的战争。由于相对于其他常规作战手段来说，它具有诸如传播快、造价低廉、技术门槛低、实施方式多样、隐秘性强、威力大等特点，更是有人戏称它为生物恐怖主义者、廉价版原子弹。细菌战政治性和军事性目的明确，除可造成人畜死伤外，还能施加巨大的精神打击，瓦解对手意志。此外，相较常规战争细菌战一旦实施伤员难以康复，且不涉及钱财损毁，有利于物资缴获。

人类历史上每一次的细菌战都是令人闻之而变色的“大事件”，涉及鼠疫、天花、霍乱和炭疽等。最早的“鼠疫战争”阴影笼罩了欧洲长达3个世纪之久，十三世纪初蒙古大军东征就曾出现过“细菌战”的雏形。在这场战争中，鼠疫快速扩散，黑死病迅速成灾，死亡人数高达2 500万，要知道第一次世界大战的直接死亡人数还不到这个数字的一半啊！十六世纪美洲殖民扩张时，“细菌战”又成为令人生畏的“大杀器”。当年，印第安人人口从战争初始的2 000万锐减到几十万，近乎灭种！此后，炭疽和病毒等又纷纷投入各型战事，伤亡人数令人错愕。第一次世界大战后，反生化武器的呼声日渐高涨，各国终在1925年日内瓦裁军会议上通过了《禁止在战争中使用窒息性、有毒性或其他气体和细菌作战方法的议定书》，为细菌战这一人类的梦魇“暂时性”地带上了枷锁。

我国细菌战的史料记载较世界其他国家更为久远，《史记》记载，征和三年（公元前90年）——汉武帝派遣三路汉军同匈奴作战时，突遇匈奴人掩埋的患病牛羊尸体，汉军在饮用受污染水源后暴发了大规模的疟疾和霍乱，致使军队战斗力锐减，战局转入颓势，损兵折将。这场战争中，匈奴人的“细菌战”做到了“不战而屈人之兵”，据传大司马骠骑大将军霍去病的早逝也与此存在关联。

谈及细菌战，最令国人痛恶和不齿的当数抗战时期的日本“731部队”，他们就是魔鬼的化身，疯狂的法西斯分子。第二次世界大战期间，该部队常年盘踞在我国东北地区，丧心病狂地从事与生物战、细菌战和人体极限相关的试验。他们常年进行大规模细菌生产，并在同胞、朝鲜人民和盟军战俘身上进行活体试验，近万人因此惨死。1939 年，日军在诺门罕同苏、蒙军队的战役中首次实施细菌战。此后又分别于 1940 年、1941 年和 1942 年，在我国宁波、常德和浙赣等地区针对平民发动惨无人道的细菌战。以 1940 年宁波细菌战为例，当时的死亡率竟高达 98.2%！战后的推算数据显示，中国地区日军细菌战的受害人数超 700 余万，死亡约 200 万人！第二次世界大战末期，日本还试图将细菌战的“魔爪”伸向苏、美和东南亚其他国家，其罪行真可谓罄竹难书。为揭露日本侵华细菌战的罪行，国内仁人志士走访了很多幸存者，挖掘并整理出大量史实、资料，撰写成文并公之于众，具体包括：《日军常德细菌战致死城区居民人数的研究》《日本侵华与细菌战罪行录》《1940 年宁波鼠疫史实》《侵华日军细菌部队罪证》《1941 年常德细菌战纪实》《侵华日军衢州细菌战纪实》，以及《日军细菌战或人体实验受害者罪证调查》等。

忘记历史就意味着背叛！追求和平的人们在积极推动科技进步，充分研究微生物，发掘其有益资源和优势的同时，更应以史为鉴，防患于未然。

35 隐藏在胃里的杀手——幽门螺旋杆菌

在过去很长的一段时间里，全世界医学专家都坚持认为，在强酸性的胃环境中不可能有微生物存活。然而，有一种细菌以其独特的生理结构和生物学特性，成功地颠覆了世人们的认知。这种细菌便是本故事的主角——幽门螺旋杆菌，一种螺旋形、巧妙寄生在胃黏膜上皮组织中的细菌。它对氧气的需求不是很强，属微需氧型革兰氏阴性菌。

临床数据显示，幽门螺旋杆菌多分布于胃黏膜组织，有近八成的胃溃疡和九成半的十二指肠溃疡由它引发。幽门螺旋杆菌可通过口腔入体，抵达胃黏膜后便开始定殖、转染。依时间长短其可引发不同病患，如慢性、浅表性胃炎（数周至数月），淋巴增生性胃淋巴瘤、十二指肠溃疡、慢性萎缩性胃炎及胃溃疡等（数年至数十年）。据权威估算，这一螺旋状微小生物是世界上分布最为广泛的感染性细菌。地域、国度和种族等因素对其感染存在与否无影响（普遍存在），但一般而言男性感染率要高于女性，发展中国家要高于发达国家。另外，该细菌传染性强，同一家庭患者感染菌种往往为同一类型。此外，多数感染者在儿时便被感染，而一旦感染发生很难自然痊愈。需要强调的是，幽门螺旋杆菌感染是完全可以治愈的，而治疗的终极目标便是清除体内病菌。这种微生物生存适应力极强，若不对症下药，易反复、难根除。“三联疗法”是当前医学界较为推崇的医治方案，具体涉及铋剂（或质子泵抑制剂）和两种抗生素。其中，抗生素多为克拉霉素、庆大霉素和羟氨苄青霉素等常见药品。如何选用则要依据细菌培养试验结果而定（选取敏感性抗生素），治疗周期通常在 1 ~ 2 周。

常言道，病从口入，保持口腔清洁对幽门螺旋杆菌感染者（常伴有口臭）康复而言至关重要。这种微生物在水体中可长期存留，如其在河水中可存留 3 年，自来水中可存活一周左右。不喝未煮开的水，忌生食等健康饮食习惯的养成有利预防、治愈这一疾病。此外，其他一些方面也要给予足够重视，如定期对餐具器皿进行消毒，及时更替旧损餐具，消毒采用高温杀菌，以及聚餐用公筷等。

实际上，科学家第一次和这种微生物打交道是在 1875 年。当时德国的解剖学家在胃黏膜上发现螺旋状细菌后，尝试着将其分离、培养，但未获成功。此后，陆续有若干研究人员观察到相似结果，但也未能一探究竟。于是，这种谜一样的微生物是否真实存在成为一个议题。进入 20 世纪后，显微技术取得长足进步，又有不少人声称看到过此类细菌。然而，就在它要正式登场、为人类所认知之际，美国人 Palmer 在 1954 年的试验结果阻碍了这一进程，而这一推迟就是几十年。当时，他对一千多位胃病患者的胃黏膜进行了检查，未能获得证实这种微生物存在的证据。

时间的脚步来到 1979 年，澳大利亚人罗宾・沃伦（Robin Warren，病理学家）和巴里・马歇尔（Barry Marshall，内科医生）通过合作，在对二十位胃病患者检查之后，终于确认了幽门螺旋杆菌的存在。随后，他们又投入大量精力，力图获取其纯培养物。然而，事与愿违，他们没能成功。其实，他们离成功仅仅一步之遥。因为，他们设定的培养时间过于短暂（两天左右），而幽门螺旋杆菌相较一般细菌需要更长时间的培养。所幸，他二人并未放弃，不断尝试、再尝试。终于在 1982 年，二位“执迷不悟者”获得了幸运女神的眷顾。一次，他们将接有细菌培养液的培养皿放入培养箱后，便回家过节了。过节期间，欢乐的气氛令其暂时忘却了与实验有关的一切，这其中当然包括那几个培养皿。但当节后（五天后）他们重返实验室时，却意外地发现培养皿上长出了细菌。就这样，幽门螺旋杆菌被第一次离体培养了出来。随后，他们继续深入研究并不时地将其研究结果和推测公之于众。他们希望学术界和医学界能对这种细菌多加关注，因为它很可能与胃溃疡乃至胃癌有关，只有将其消灭，胃炎和胃溃疡才有望得以医治。令人惋惜的是，他们的主张被无情地压制了。当时，围绕胃病治疗已有一条“成熟”且庞大的产业链，沃伦和马歇尔的理念对其构成的威胁是巨大的，资本家们不能容忍真相对其“甜头”产生影响。这股抵制之风甚至吹进了学术界，他们二人曾先后两次将相关研究论文投稿国际知名学术刊物《柳叶刀》，但收获到的却是连续拒稿。甚至，在微生物学界对其研究认可后，医学界仍维持原判。长期的打压，令二人极度抑郁。1984 年的某一天，马歇尔含恨喝下了一杯幽门螺旋杆菌培养液。随后，呕吐、腹痛不止，并在之后的数次检查中证实了胃炎的发生和大量幽门螺旋杆菌的存在。1986 年，马歇尔移民去了美国。在这里，他仍未放弃他们的主张。渐渐地，人们开始直面这一细菌，并于 1989 年正式将其命名为幽门螺旋杆菌。世界医学界也开始拨乱反正，承认胃炎和多数胃溃疡是由这种细菌所致，并推荐以抗生素进行治疗……

正是由于沃伦和马歇尔的研究，正是由于他们的勇气，更是由于他们的坚持，千千万万的胃病患者才终得福音。他们是伟大的，2005 年诺贝尔医学奖就是对他们杰出工作和传奇人生的最佳肯定与褒奖。

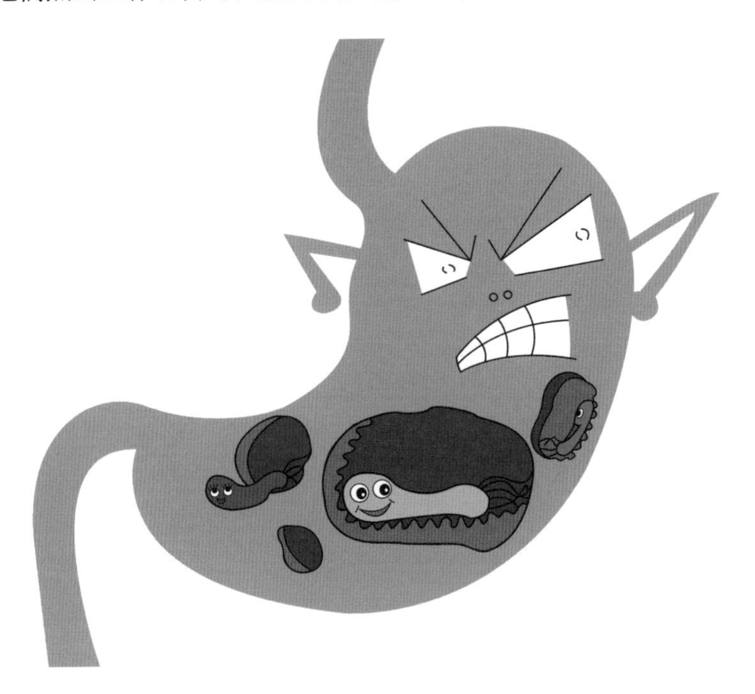

36 隐形的杀手——白念珠菌

白念珠菌，又名白假丝酵母，是一种常见的致病性真菌。别看它的名字里有“酵母”二字，但是它同我们生活中酿酒、发面时所用的“酿酒酵母”可不是一回事。作为人类最为常见的条件性致病菌，白念珠菌通常生活在人体的黏膜表面，比如口、咽、肠道，以及泌尿生殖道等部位，但也可引发内脏和全身性感染。它还是一种共生菌，对健康人群无致病性，正常机体中的存在数量也较少。然而，当人体免疫力下降或免疫系统破损时，抑或是正常菌群失调导致其所受约束减弱时，白念珠菌就会大量繁殖并改变生长状态，由共生菌转变为致病菌，侵染人体组织，引发疾病。这些疾病包括：阴道炎、口角炎、鹅口疮、肠胃炎、脑膜炎、菌血症和败血症等。白念珠菌传播途径多样，常见的有性交、公共卫浴、浴池、泳衣和医疗器械等。

白念珠菌对紫外线、干燥和化学药剂的抵抗力较强，但是对热敏感，60℃条件下一小时便会死亡，最适存活酸碱度为5.5。需要说明的是，正常人体阴道pH在4.0左右，具备一定的自洁功能。然而，当该值转为5.5时，白念珠菌便会大肆繁殖，进而引发阴道炎。白念珠菌有三种常见形态，分别是酵母型、假菌丝型和菌丝型（图13），视不同生长环境而异。

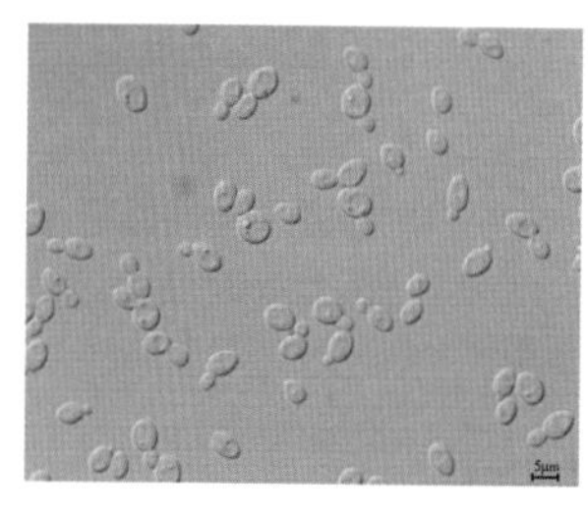

酵母型

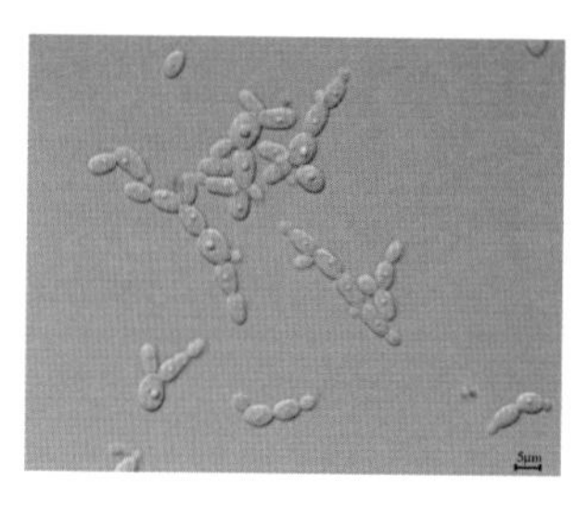

假菌丝型

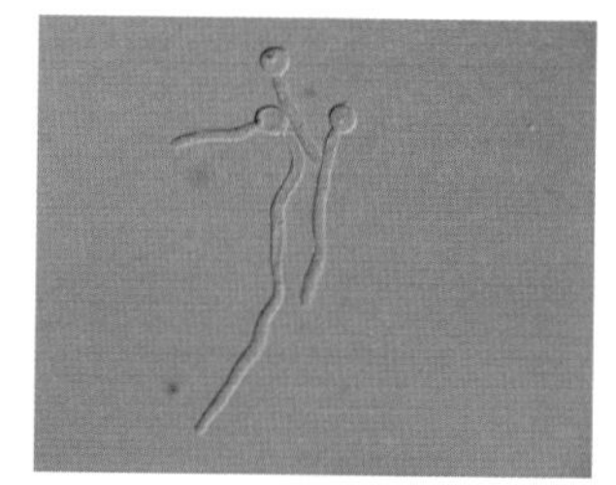

菌丝型

图13　徐大勇等拍摄的不同白念珠菌形态

酵母型白念珠菌外观形态为圆形或椭圆形，直径 3 ～ 6 微米，同酿酒、发面时所用的酿酒酵母形态一样。该型白念珠菌通常存在于人体的皮肤和黏膜之上，与人体处于共生状态，不致病，但其会在人体血液系统中传播。菌丝型白念珠菌则是由酵母型白念珠菌萌发形成芽管，芽管再经生长、延伸所成。菌丝型白念珠菌易附着、侵入人体组织细胞，并且还能躲避人体免疫系统的攻击。因此，该型白念珠菌的致病力要明显强过酵母型。

那么，白念珠菌是如何侵染人体的呢？健康人体中，白念珠菌通常以酵母型黏附、定殖于人体上皮细胞表面。当人体免疫功能降低或严重缺陷时，白念珠菌细胞从酵母型转变为菌丝型。随后，菌丝“刺入”人体上皮细胞和血管内皮细胞，与血液发生接触。血管内，菌丝型细胞转为酵母型，酵母型细胞伴随血液流动到达新的组织部位，开始新的侵染。酵母型白念珠菌也可附着于血管内壁，转成菌丝型细胞，穿透血管内皮细胞，侵染人体组织。

目前，治疗白念珠菌感染是一大临床难题。在我国，有超八成的真菌感染为白念珠菌所致。另外，尽管有不少抗真菌药物可供选用，但是一些种类的白念珠菌疾病的致死率始终居高不下。例如，由其所引发的菌血症的病死率便介于 40% ～ 80%。上述可选药物主要包括：唑类药物（如酮康唑和氟康唑）、多烯类药物（如制霉菌素和两性霉素 B）、棘白菌素类药物（如卡泊芬净和米卡芬净），以及烯丙胺类药物（如萘替芬和特比萘芬）。这些药物在使用时应做到规范、合理，切忌反复、大剂量用药，否则病原微生物抗药性的产生便在所难免。此外，同用药相比，平日里注重体育锻炼，养成良好的个人卫生习惯始终是上上之选。

37 令人色变的AIDS

谈到AIDS（获得性免疫缺乏综合征，Acquired Immune Deficiency Syndrome），也就是人们唯恐避之不及的艾滋病，通常大家的第一反应就是要洁身自好，而对那些感染者，往往会因社会舆论和个人认知偏差等影响，产生负面印象，甚至会是性滥交或“抽大烟”等偏激歧视。

艾滋病由病毒HIV（Human Immunodeficiency Virus）感染引发，是一种危害性巨大的传染病。一旦感染上这种病毒，人体内部的免疫系统便会“惨遭毒手”，破损严重，淋巴细胞大量死亡，进而致使免疫力大幅下降，让其他疾病有机可乘。发病时，患者身体会变得十分虚弱，并伴有持续性发烧，慢性呼吸道病症和消化道问题时常出现。此外，腹泻、呕吐、体重明显下降，以及淋巴结肿大也是其表征。而最为显著的症状，当属恶性肿瘤。实际上，这也是为什么艾滋病感染者死亡率居高不下的重要原因。换言之，艾滋病患者并不是被艾滋病病毒杀害的，真正的“凶手”是受其感染进而引发的并发症。这一发现来之不易，毕竟诸如HIV和狂犬病毒一类的“杀手”在人体中可长期潜伏（8～9年），即便是在发病前夕也无明显病症，对感染者正常生活工作毫无影响。当前，医学界对其防治主要还是围绕免疫力增强、病毒数量降低、传染率和致死率削减等方面做文章，尚无能够彻底治疗艾滋病的药物和手段，但借助药物和特种疗法（如“鸡尾酒疗法”）可使患者正常生活二十多年。

艾滋病传播方式多样，主要有：一，母婴传播。母体会通过母乳喂养等途径直接将HIV传染给新生儿。值得庆幸的是，目前人类已研发出能够切断母婴之间HIV传播路径的药物，且成功率高达99%。二，危险性行为。不分男女，同艾滋病患者发生直接体液接触性行为，均有很大概率感染上HIV。三，血液感染。直接或经伤口的血液输入也会传染HIV。研究数据显示，同唾液中HIV浓度相比，精液和血液中的浓度要高上十倍。由上不难发现三个途径的共同点在于，HIV 一定要在人体内进行繁衍。尽管，艾滋病是极难治愈的，但是 HIV 暴露在空气中数分钟便会死去。对艾滋病患者产生歧视，甚至将滥交、吸毒和低贱等标签加之其上是不应该且无知的做法。目前，媒体和社会舆论所报艾滋病案例多涉及吸毒者和不正当性行为者。故当人们“遭遇”艾滋病患时，便会将其视作瘟神和死神。觉得只要同处一地，不论是水还是空气都能传播艾滋病病毒。实际上，包括拥抱和握手等在内的普通日常接触，并不会导致艾滋病传染。此外，即便是感染 HIV 的男性病患，也可利用试管技术去除精液中的病毒，进而生育健康后代。在我国，女性感染艾滋病概率相对较高。然而，需要澄清的一点是，艾滋病与同性恋本身毫无瓜葛，同性恋人群更易感染艾滋病实为谬传。之所以人们会将同性恋与艾滋病患者相关联，多是因为其性行为缺乏起码的安全防护，致使病毒易从伤口入体，引发感染。而一些封建思想和固有之见的存在，更是令女性和同性恋艾滋病患者处于极为不利甚至是悲惨的境地。为此，世界卫生组织将每年的 12 月 1 日设定为世界艾滋病日，号召人们正确认识艾滋病，友善对待艾滋病患者，努力防治艾滋病。

对自身而言，我们要洁身自好，远离毒品和不健康场所；要在指定正规地点使用血制品，避免直接同艾滋病患者发生血液和体液接触；要牢固树立正确的思想观念，不断对认知进行扬弃。要知道，这些不仅是对个人和家庭的负责与保护，亦是对病患及其家人的理解与尊重。

38 感冒与流感

2013年的一部韩国电影《流感》（又名“致命感冒”）让人们对小小的流行性感冒（简称流感）有了颠覆性的再认识。不夸张地讲，若病原判断失误，加之处理不当，很可能为人类带来灭顶之灾。当然，这部电影也有虚构的成分，夸大了流感的破坏性，但其对人类的警示作用毋庸置疑。

普通感冒就是我们俗称的“伤风”，人们一般会觉得感冒是由环境剧烈变化所致。然而，事实上没有这么的简单，感冒是由微生物引起的。微生物种类繁多，能够引起感冒的病原体不在少数。病毒、支原体，还有细菌都会引发感冒。但是，感冒多数还是由病毒引起的，这些病毒包括副流感病毒、冠状病毒，以及鼻病毒。别看只有三类，它们还有许多亚型存在，仅鼻病毒就有100多型呢，这也在一定程度上解释了为何有的人一年到头感冒不断（实际是不同致病菌所致）。感冒一年四季都可能发生，其中副流感病毒多在秋季发生，冠状病毒多在冬季发生，而鼻病毒则多在春夏发生。有时候人们看到感冒患者会敬而远之，生怕被传染。这是因为一些病毒多存在于人体呼吸道之中，咳嗽或者打喷嚏时带出的飞沫会携带部分病毒，进而传播、感染他人。要知道，打喷嚏时，飞沫可是会以每秒一百多米的速度向外扩散！普通感冒没有流行性感冒传染力那么强，一般成因包括淋雨、受凉或者身体疲劳等，同每个人的抵抗力有着很大的关联。因此，普通感冒一般是个案式的，成批出现的情况较少。病毒通常具有潜伏期，普通感冒病毒的潜伏期多为一天，病势也较为缓慢。刚开始患者可能鼻子和喉咙有些发痒、干热，数小时后便会加重，出现声音嘶哑、咽喉疼痛、鼻塞、干咳和流清鼻涕等症状，严重的身体其他部位还会出现并发症，如腰酸背痛、疲倦、畏寒、食欲不振和头痛等。普通感冒一般伴有低烧（38℃左右），症状持续2～3天后便会缓解、康复。

与普通感冒不同，流感由流感病毒引起，是一种急性呼吸道传染病。其传染方式和途径与普通感冒相类似，不同之处在于：冬春常为流感暴发季节，传染率达 50% 属常情，并呈大面积暴发之势。流感病毒易发生变异，会不断产生新的病毒突变株，因而流感康复患者仍可能继续染病。流感的潜伏期从数小时到几天不等，但多数潜伏期为 24 小时左右。流感发病很突然，身体会伴随出现发冷、寒颤之症，体温一般会升到 39℃以上，继而出现流鼻涕、干咳、乏力、浑身酸疼，以及结膜炎等症状。另外，全身性症状会比较严重，持续时间也较普通感冒长，3 ～ 5 天方能好转，对身体健康危害性强于普通感冒。

普通感冒和流感大多由病毒引发，到目前为止没有专门的特效药物。人们所服用的药剂也仅仅是起一定的缓解作用。感冒发生后，要注意多休息，多饮白开水，一周左右即可痊愈，如果条件容许可以热水泡脚加速康复。此外，对于一般感冒，不建议使用抗生素，否则得不偿失。而对于流感患者，应多卧床休息，吃一些易消化的食物，多喝水（也以淡水为主）。如发高热且伴有严重脱水现象，应及时赴医院就诊、输液，以防病情恶化。

实际上，无论是普通感冒还是流感，都应以预防为主。平时多给居所通通风，多做身体锻炼，环境卫生和免疫力上去了，患病概率也就下来了。另外，遇到降温或换季，要及时增添衣服，不能“只要风度，不要温度”。最后，需要谨记的是，少去人员密集的公共场所（特别是卫生环境堪忧场所），不要给致病微生物找你茬的机会。

39 超级细菌

超级细菌，顾名思义就是特别厉害的细菌，细菌界的超人、狠角色。世界上大多数的抗生素都拿其没辙，如果非要赋予其一个定义，那么超级细菌可被视作是一类具有多重耐药能力的细菌的统称。当前，人们已知的超级细菌主要属于“ESKAPE”范畴。“ESKAPE”实际是由六种超级细菌的拉丁学名首字母组合而来，其中字母 E 代表屎肠球菌（*Enterococcus faecium*），字母 S 代表金黄色葡萄球菌（*Staphylococcus aureus*），字母 K 代表肺炎克雷伯氏菌（*Klebsiella pneumoniae*），字母 A 代表鲍氏不动杆菌（*Acinetobacter baumannii*），字母 P 代表铜绿假单胞菌（*Pseudomonas aeruginosa*），最后的 E 代表肠杆菌（*Enterobacter* sp.）。上述的每一种细菌都曾给人类带来血淋淋的教训，下面以肺炎克雷伯氏菌为例，进行说明。肺炎克雷伯氏菌能够利用体表的菌毛（菌体细胞表面存在的一些比鞭毛细、短，且直硬的丝状物）附着在病患的咽喉、气管和支气管上，并会深入肺部，破坏肺泡，造成病人肺泡出血和血痰。此外，肺炎克雷伯氏菌还会释放具有破坏血管和引发致命性休克的“内毒素”。毫不夸张地讲，肺炎克雷伯氏菌就是人类的一大杀手。

那么，超级细菌来自哪里，是天然就存在的吗？其实，超级细菌是在人类大量使用抗生素后才逐渐被“驯化”出来的。起初，超级细菌也都是一个个的小角色，就是普通到不起眼的一般细菌。它们自由生活在环境或是生物的躯体中，并同其他种类的细菌一起群居、共生。但后来的“遭遇”改变了它们的命运，打个比方，当人类开始使用抗生素 A 之后，某一（些）种类的细菌几乎遭受灭顶之灾。然而，它们之中会有极个别幸存者由于自身突变或获得了异种微生物携带的耐抗生素 A 的基因而存活了下来。挺过此劫的细菌，便正式晋升小超级细菌，再不忌惮抗生素 A 了。此后，在这一细菌族群繁衍的漫长过程中，类似的“遭遇”又数次发生，并因此相继获得了耐抗生素 B、C、D 等的基因和能力。终于，在某一个时间点，该细菌族群的后世子孙们修成了正果，成为了不折不扣的超级细菌，在“细菌界”享有了超然的地位。此时，外界几乎所有的抗生素已对其束手无策，它们一旦进入人体便会引发疾病，并彻底成为人类杀手，无情地收割着一个又一个的生命。2005 年，在美国由耐甲氧西林金黄色葡萄球菌感染引发的死亡人数便有 18 650 人之多，受感染者更是高达 94 360 人！超级细菌一旦发作，后果可怕至极。那么，有没有简便且有效的预防措施呢？其实，最容易的预防措施便是大家注重个人卫生，餐前便后要洗手。从事医护卫生和相关科学研究的人们更应予以注意。

为了减少或避免悲剧的再次发生，人们应当在反思中努力前行。超级细菌的出现不就是人类滥用抗生素所致吗？那么，在抗生素日常的使用过程中至少就有两点值得人们注意：其一，科学合理用药。所谓科学合理用药是指“针对病患，在正确的时间，通过正确的途径，给予正确剂量的正确药物”。其二，一旦使用务必将病原微生物全部歼灭。相关数据显示，我国已是世界上细菌耐药率增长最快的国家之一，年均增长率在 20% 以上。一方面，无良医生为利开药是其成因之一。但是，病患只认贵的、立竿见影的也是一大促因。再加上抗生素管理、回收、处置等环节存在不周之处和一些漏洞，耐药细菌大行其道也就不难以理解了。

为了我们的生命安全，人类必须留有保命的“撒手锏”——超级细菌还未

获得耐药基因的抗生素。在超级细菌横行无阻之时，对其“亮剑”，将之彻底消灭。因而，抗生素研发工作是刻不容缓且需不断做强的！此外，除了“撒手锏”，人们还要不断研究、发现和合成新的杀菌物质。在人类与致病微生物斗争的过程中，已有上百种的抗生素被发现和使用，而微生物们也从未放弃过抵抗，相继进化出了几十种耐药基因和突变。魔高一尺，道高一丈，两者之间的战役还将持续。虽然，我们在这场博弈中占有一定的主动权，但绝不能够掉以轻心，回顾一下超级细菌的成长经历，便知其绝非善茬。然而，对其诚惶诚恐，也是没必要且可笑的。

40 解读螺原体

提起支原体，大家是比较熟悉的。它可是儿科诊所医生们经常挂在嘴边的病原菌之一，诸如引发儿童肺炎的病原菌就是一种支原体。然而，轮到今天故事的主角——螺原体，人们的反应就要略显淡陌。实际上，螺原体也是支原体大家族中的一员，它们属于支原体目下的螺原体科和螺原体属。螺原体的不少特征同其他支原体相近，比如，它们都是无细胞壁的原核微生物，是可以在培养基上生长和繁殖的个体最小微生物，形态多变等。那么，螺原体个头有多大呢？其实，它比一般细菌小，比衣原体也小，就比病毒大一丁点儿，只有头发丝儿的 1/350 左右。由于通常情况下它们形态呈螺旋形（图 14），在液体培养基中具备运动螺旋性，故而得名螺原体。

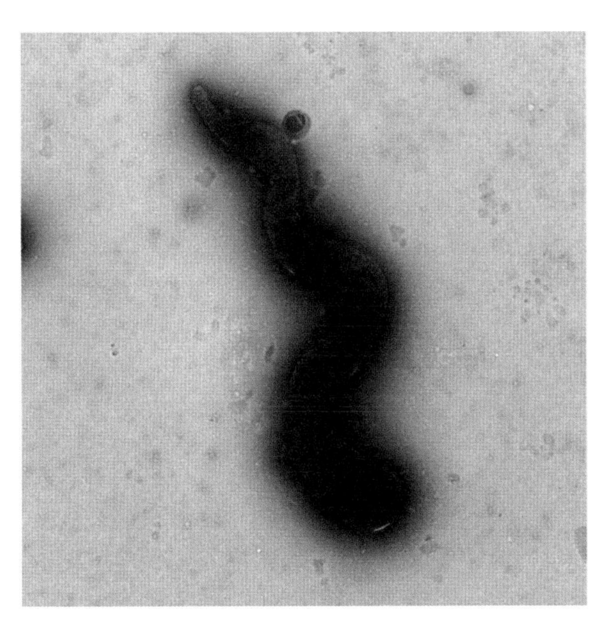

图 14　于汉寿等拍摄的螺原体透射电子显微镜照片（6 000 倍）

如上所述，螺原体形态不固定，视不同条件而异，即便是同一种类的螺原体，也变化多端。通常，细胞外的螺原体呈螺旋状，而细胞内的螺原体除螺旋状外，还可呈卵圆状或烧瓶状。此外，还有管状和圆瓶状等。大多数螺原体通过分裂和出芽（图 15）两种方式进行繁殖，遗传特征全部由其基因组决定。螺原体的基因组大小通常为 760 ~ 2 220 千碱基对，基因组 GC 含量比较低，为 24% ~ 31%。有些螺原体还携带有质粒，有些则会因病毒侵染而裂解、死亡。

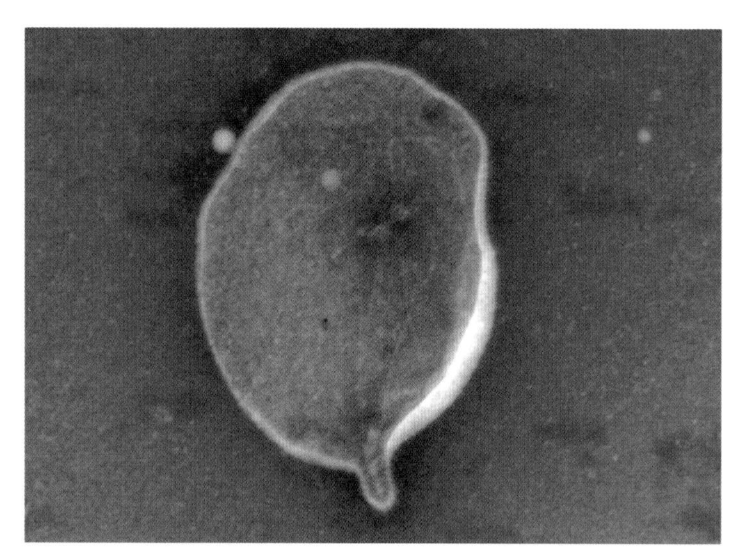

图 15　潘晓艺等拍摄的螺原体出芽形态

螺原体的名号最早是由美国知名植物病理学家罗伯特·戴维斯在 1972 年提出的，并在之后的第二年（1973 年）建立起了螺原体属分类单元。螺原体常以互生、共生和致病三种形式与宿主作用，主要在甲壳动物、蜘蛛、昆虫，以及一些植物中有发现。在节肢动物中，螺原体大多以肠道定居、寄生和胞内外共生的形式存活，而在植物中，则多常发现于花、表皮和韧皮部中。作为节肢动物肠道微生物的组分之一，部分螺原体因其数量少、含量低，达不到侵染肠道细胞的起始量，而呈非致病性。但是，另外一些螺原体却能在肠道中大肆繁殖，引发感染。那么，螺原体又是如何进行传播的呢？以节肢动物为例，它们是通过粪便和表面接触进行螺原体传播的。比如，摄食植物韧皮部的昆虫（主要是叶蝉），在进食过程中可通过唾液向植物传播螺原体。当然，也有一些节肢动物是通过垂直传播将螺原体传给子代个体的，即父母传给子女。

螺原体会像支原体一样具有致病性吗？答案是显然的，但不是说所有的螺原体都是致病性的。常见的致病性螺原体多会引发一些植物、甲壳动物和昆虫生病。诸如蜜蜂的“爬蜂病”和螃蟹的“颤抖病”等都是由螺原体引发的，而这些疾病所造成的损失都是十分严重的。国内最早对螺原体的研究和报道可追溯到20世纪80年代末期，当时南京农业大学的陈永萱教授首次在蜜蜂“爬蜂病”中发现和证实了病原体螺原体的存在，并完成了分离。

说完了蜜蜂，再来看看横行天下的“无肠公子”。一提起螃蟹，很多爱好美食的人们便会垂涎三尺。但谁曾料想小小的螺原体会和这一美味过不去，引发其“颤抖病”发生。20世纪末，在我国发生了大面积的河蟹（中华绒螯蟹）“颤抖病”。后经科学家们研究，明确其罪魁祸首为“蟹螺原体”。由于这种螺原体能够侵染蟹的肌肉和神经系统，并在其中进行繁殖，致使蟹神经和肌肉连接系统受损，引发痉挛，进而出现颤抖症状。随着研究的延续，科学家和水产工作者们在青虾、罗氏沼虾（图16）、小龙虾，以及南美白对虾等水生甲壳类动物中也发现了类似螺原体。它们各不相同，属于不同的分类单元（种或是血清型）。

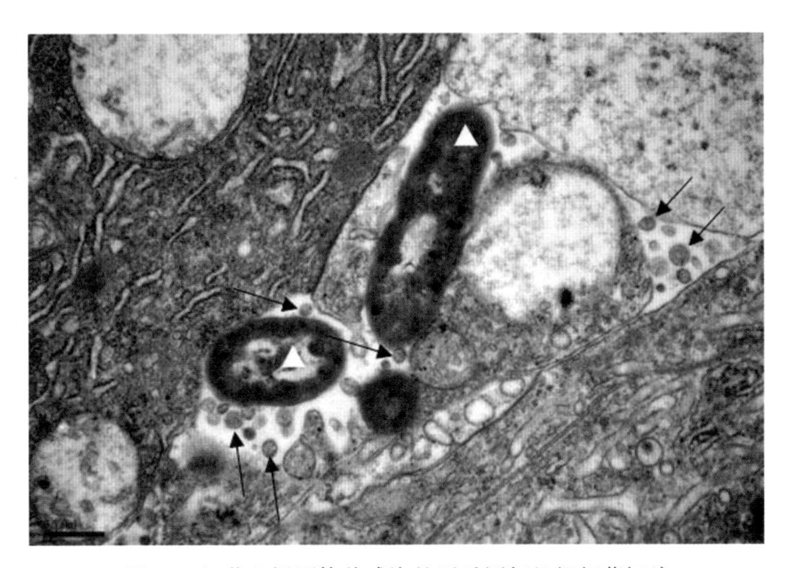

图16　细菌和螺原体共感染的罗氏沼虾组织超薄切片

（箭头所指圆形物为螺原体，△标注为细菌）

诚然，一些螺原体可导致动植物发病，但大多数螺原体与动植物的关系还是较为友好的互生或共生关系，而对美食爱好者来说，吃烹制充分的食材，才是最安全，也是最应提倡的。

41 高效杀虫剂——苏云金芽孢杆菌

古语有云，民以食为天，农业领域的害虫也是如此。有农作物的地方就有害虫，不同种类的害虫喜欢啃食不同（部位）的农作物。当前，世界上对害虫的防治策略主要可分为物理防治、化学防治和生物防治三大类。物理防治比较好理解，也经常能在田间地头看到，诸如紫外杀虫灯、防虫网和粘虫色板等就是常用的物理防治手段。化学防治主要是通过对农作物喷施化学药剂来实现杀灭或抑制害虫的目的，但这种方法不仅成本相对较高，连续施用还会增加害虫的抗药性，农药残留对环境的严重破坏也是不可回避的事实。另外，农产品品质的大幅下降，也是一直令人诟病的问题。生物防治则是通过生物的作用（含微生物），达到减轻虫害的目的和效果。其成本适中，针对性强，技术含量高，对环境友好，不易形成二次污染。因而，进入21世纪以来，各国科学家都在努力研发，已有一系列产品投入农业生产实践之中，并取得了良好的收效。

都有哪些微生物可用于害虫的生物防治呢？实事求是地讲，这样的例子不在少数，下面就以其中最为经典的案例进行讲述，以飨读者。

苏云金芽孢杆菌（拉丁学名：*Bacillus thuringiensis*，简称Bt）作为常见革兰氏阳性细菌，是芽孢杆菌属代表性菌种，呈短杆状，长有鞭毛，能产生芽孢（一种细菌休眠体）。其在自然界中的分布极其广泛，人们可从土壤、作物、污水、底泥或是昆虫中分离获得相应菌株。其最大特点是在芽孢的形成过程中会伴生菱形（或不规则状）名为 δ-内毒素的碱溶性晶体蛋白（干重约为芽孢的 30%），而这类蛋白具备很高的杀虫活性，对诸如双翅目、膜翅目、鞘翅目、鳞翅目和直翅目等昆虫，以及若干无脊椎动物、蜱螨和线虫等有杀灭作用。它在生物农药领域是"霸主级别"，其"江湖地位"主要体现在发现时间最早、开发利用最充分、研究最为深入、产量最大、施用面积最广，以及产业化和商业化程度最高等方面。其实，现在市面上标注"Bt"字样的生物农药基本上都是含有苏云金芽孢杆菌或（及）其衍生物的。相关制剂在产量上遥遥领先,杀虫效果良好,广泛用于种植业和林业等的害虫防治。此外，转 Bt 毒蛋白基因作（植）物已是当前世界上面积最广、辐射影响最大的生防技术产物，诸如转 Bt 毒蛋白基因玉米、水稻、烟草、油菜、棉花和甘蓝等均囊括其中，而我国更是世界上第二个独立成功开发且拥有自主知识产权转 Bt 毒蛋白基因棉花的国家。

然而，在 Bt 分离发现之初，它并不是以微生物杀虫剂的姿态为人们所研究和利用的。那么，它当时是在怎样的情境下为人所发现，后续又有怎样的故事呢？且听笔者慢慢道来。1901 年，日本人石渡繁胤（细菌学家）在研究病蚕时，从其尸体中分离到了一株细菌，并起名猝倒细菌。石渡繁胤发现它可作用于鳞翅目昆虫，但令人惋惜的是他没能将该菌株保留下来。当时间的足迹来到 1911 年时，德国人贝尔奈从其祖国地处苏云金（Thutingn）的一家面粉厂中分离到了一株能产伴孢晶体的芽孢杆菌（分离自螟类患病幼虫体内）。四年后（1915 年），该杆菌被正式命名为苏云金芽孢杆菌。但是，当时贝尔奈仅是发现它能产生伴孢晶体，对其杀虫作用并未留任何文字说明。再往后，研究苏云金芽孢杆菌的人陆续增多，田间害虫防治试验也相继开展，其防治能力渐渐浮出水面，并终于在 1956 年由 Angus 证实伴孢晶体为其杀虫活性物质（当时他的实验设计非常巧妙，以分离的伴孢晶体饲喂供试害虫，之后便出现害虫死亡现象）。

究其杀虫机理目前科学界认为，昆虫吞食伴孢晶体后，其在昆虫体内因遇到碱性消化液而发生溶解。在昆虫肠内特定蛋白酶作用下，晶体蛋白会同肠上皮细胞蛋白受体发生结合，致使细胞膜穿孔（孔径 1 ~ 2 纳米），通透性紊乱，代谢失调，最终昆虫饥饿并发败血症而亡。

最后要加以说明的是，尽管 Bt 已大量投入农业生产实践，并在虫害防治方面取得了良好成效，为粮食增产、农民增收提供了保障，但它对生态系统和人畜还是存在一定潜在风险的。首先，因其杀虫谱广，一些益虫吞食后也会致死。其次，昆虫杀灭不论益害，终是对原有食物链（或网）的破坏，可能引发生态系统失衡。最后，已有的一些研究显示，若干 Bt 商业菌株会对哺乳动物产生毒害（人也不例外）。所幸的是，科研人员早已意识到上述问题，相关改良工作已有条不紊开展，安全可靠性更高的 Bt 产品相继推出。

42 肥田好哥俩——解磷菌与解钾菌

随着现代农业的快速发展和集约化程度的日益提高，土壤污染问题越来越严重，其中又以化肥过量使用所引发的土壤板结和退化最为突出。化肥作为现代农业必不可少的“倍增剂”，每年大量施入农田。然而，真正为作物所吸收利用的，仅仅是其中十分有限的一小部分。以磷和钾两种元素为例，大多数可溶性磷、钾会同土壤中的一些成分发生反应，进而形成难溶性矿物，致使其吸收利用性大减，限制、阻碍了作物的新陈代谢和生长发育。在白白浪费资源的同时，对周边环境还构成了破坏，导致面源污染。

那么，如何才能有效减少农田污染，增加有效磷、钾含量呢？好消息是，科学家们已在土壤中发现了许多有益微生物，它们可以帮助人们解决上述问题。这些微生物人们统称其为解磷菌和解钾菌，它们可以转化非水溶性的磷元素和钾元素。别小瞧这些肉眼看不见的小家伙，它们的本领可大着呢！可以说，我们所生活的这个星球上的土壤中的磷、钾形态转化都或多或少与其有关。

磷元素在土壤中的形态大体可分为无机态和有机态两种，能为植物所吸收利用的仅仅是全磷量 2% ~ 3% 的无机磷（以磷酸盐形态存在），而有机磷必须通过解磷菌的作用才能转化为无机磷。那么，解磷菌是如何作用的呢？实际上，土壤中解磷菌的种类非常多，真菌、放线菌和细菌都包含其中，各自的解磷途径也是五花八门。一些解磷菌可以通过自身的氧化途径将葡萄糖转化为强酸性物质（葡糖酮酸）并释放到细胞外，将难溶性磷化物酸化，进而释放可溶性磷到土壤中供植物吸收利用；另一些解磷菌则会在生长过程中产生诸如乳酸、琥珀酸、乙酸和柠檬酸等有机酸，并同难溶性磷酸盐中的金属离子结合，进而释放出游离磷元素供植物吸收；此外，还有解磷菌（特别是一些真菌）在其代谢过程中会生成脱氢酶、磷酸酶、核酸酶，以及植酸酶等酶类来矿化有机磷酸盐，释放有效磷。

钾元素的情况同磷元素大致相似，它在土壤中是以矿物质钾、交换性钾、非交换性钾及水溶性钾四种形态存在。然而，只有仅占全钾含量 2% ~ 10% 的交换性钾和水溶性钾才是可以直接为植物所吸收利用的有效钾，无效钾向有效钾的转化少不了解钾菌的作用。解钾菌在其代谢过程中能够分泌一些低分子量的碳酸和有机酸，它们可加速矿物质钾的酸化溶解，抑或同含钾矿物质发生化学反应，最终释放出游离钾。此时，土壤中的有效钾元素含量便得以增加，植物也可“一饱口福”，补充营养。

有了解磷菌和解钾菌这些小家伙们的帮助，原本贫瘠的土壤便会复苏，生机也得以焕发。小家伙们这么棒，大家理应给它们竖个大拇指。然而，值得警觉的是，尽管自然界中有多种功能微生物和动植物具备“肥田”功效，但是人们应当检讨自己的行为，一味地掠夺地力和无节制地索取终将酿成苦果，而这是任何人都不愿意面对的。当下，可持续性发展就为今后农业的发展做出了指引，这是一条康庄大道！

根瘤菌开了一家世界第一的氮肥厂

如果你拔起过大豆、紫云英这些豆科植物的话，会注意到它们的根部常有一些小的颗粒，很像一个个的瘤子，而这些瘤子便是“根瘤”（图 17）。为什么豆科植物会长出这样一个奇异的组织呢？

图 17　南京农业大学朱军教授课题组拍摄的根瘤照片

上面的这个问题要从植物生长所需要的营养成分讲起。在生物的生长发育过程中，碳、氢、氧、氮、硫、磷等元素是不可或缺的。然而，生物自身却无法制造它们，需要从外界环境中摄取。动物可以通过吃食植物获得上述元素，可植物该吃什么，又该怎样吃呢？

就氮元素而言，植物本身非常“挑食”。它们爱吃铵盐或者硝酸盐，但环境中的氮是以多种形式存在的，并非都是现成的铵盐或硝酸盐，需要有“大厨”将其“烹制加工”。大家都知道现代农业生产是离不开化肥的，氮肥的重要性不言而喻。尽管土壤中的许多微生物可以将氮肥转化成铵盐或硝酸盐供作物“吃食”，但化肥过量施用本身就是一个风险不断累积的过程。因为，目前化肥的利用率仅仅是30%左右，其余的全部浪费、进入环境，引发土壤板结酸化，以及水体富营养化等问题。此外，化肥的生产过程本身就属高能耗、高污染型，70%的能源来自燃煤……

那么，有没有环境友好型的“氮库”可供植物利用呢？其实，我们四周就存在着一个超级大氮库——大气（78%为氮气）。氮库有了，下面就剩下如何“烹制”其中的氮气了。人类是可以加工的，但必须在高温（300℃）、高压（300个大气压），且消耗大量能源和特殊催化剂作用下方能完成，既笨拙又低效。自然界不乏具有特殊“才能”的生物，这方面最为闪耀的明星便是一类能把大气中的氮转变为有机氮的微生物——根瘤菌。

在1886年第五十九届德国科学家与医生学术研讨会上，德国人赫尔利格尔（Hermann Hellriegel）展现了这样一个事实：大豆在缺氮的土壤中也能良好生长，其秘密就在根部的那些瘤子之中。大豆根瘤中的根瘤菌可以通过固氮作用，将空气中的氮转变为作物可利用的形式。实际上，我国早就开始了这方面的实践，古人尽管对根瘤固氮的原理未加探明，但确实意识到了根瘤对农业成产的帮助。为了更好地发挥根瘤的作用，他们会在大豆收获时将根与根瘤一起进行收藏，待第二年播种时再将其粉碎与种子进行混播，以促进大豆结瘤。此外，从汉朝开始沿用至今的轮作法，其中就有将大豆与小麦等作物接力耕种，以保持土壤肥力的做法。

那么，根瘤菌的这一“神通”是怎样实现的呢？根瘤菌原本在土壤中自由生活，当植物缺氮时，便会从根部分泌类黄酮等化学物质来吸引根瘤菌。而根瘤菌也是有原则的，它有各自对应的宿主植物，不会认错“主子”。待相应的根瘤菌招募聚集后，便一起吸附在植物根部的根毛上，引发根毛卷曲（图18）。之后，根瘤菌从根毛尖端进入根内，并最终集体迁移至根部皮层，刺激这里的细胞大量增殖、膨大，形成一颗颗的根瘤。根瘤虽小，可五脏俱全，它是植物为了根瘤菌固氮而精心打造的专用场所（氧气含量很低）。当根瘤菌安营扎寨后，安心的“变身”为梨形、棍棒形等特殊形状，成为“类菌体”，接着互帮互助就开始了。豆科植物会把自身的营养留一部分供根瘤菌吸收，而根瘤菌则依靠独门利器“固氮酶”加工氮气，为宿主植物服务，二者配合亲密无间。豆科植物采收后，根部开始腐烂，根瘤也随之破裂，于是根瘤菌就又回到了土壤之中，静候来年与宿主植物的再次合作。

图 18　根毛卷曲情况发生

每个根瘤都是小小的氮肥厂，要是讲起效率，它们可比世界上任何一家氮肥厂都要高。它能够提供植物所需氮素的 80% 以上，还可为之后的农作物提供养分，维持土壤肥力，取之不尽用之不竭。中国科学院院士、中国农业大学教授陈文新曾经算过这样一笔账——我国豆科农作物栽培面积约为 1 900 万公顷，如果在这些土地上减少一半氮肥的用量（即每公顷减少 150 千克尿素），每年将减少尿素用量 286 万吨，可节约开支 42.9 亿元（按每吨 1 500 元计）！然而，由于种种原因，根瘤菌在农业上的应用并未获得足够的重视，如果读者朋友们将来有机会从事农业工作，希望能够将根瘤菌好好加以利用，助力农业可持续发展。

44 没有病毒哪来绚丽多彩的郁金香

提到荷兰这个国家，很自然地会想到郁金香。其实，荷兰并不是郁金香原产地，荷兰在 16 世纪末才开始引进、栽种郁金香。郁金香的原产地在中亚、西亚、地中海沿岸，以及印度的一些山区中。从植物分类学角度看，郁金香属于百合科郁金香属，是长有鳞茎的草本植物（图 19）。传说第二次世界大战期间，有一年冬天荷兰闹饥荒，很多难民是靠食用郁金香的球茎维系生命。由此，荷兰人对郁金香钟爱有加，更是将其奉为国花。除荷兰外，郁金香还是土耳其和匈牙利等国的国花。

图 19　李晓丹拍摄郁金香花丛

郁金香花原本呈纯色，且不乏美妙动听之名，如烈焰般鲜红的“斯巴达克”，雪白纯净的“普瑞斯玛”，黑夜般深沉的“夜皇后”，淡黄色的“金牛津”，粉色的“声望”，以及水红色的“王朝”等。后来，在郁金香的培育过程中出现了一些有杂色花纹的品种。杂色花的特点是每一花瓣所呈现出的斑驳或条纹都不一；颜色多为紫、红、白、黄四色中的两色搭配；形状多样，有的为星形、有的为条形，还有的呈火焰和羽毛状。杂色郁金香较单色郁金香更令人神醉，荷兰人也因此对杂色花朵更为珍视，甚至在 17 世纪一度出现了疯狂种植带有杂色花纹郁金香的风潮。其中，不乏价值连城的珍稀品种。“永远的奥古斯都”就是其中最为出名的一种，很多人认为只有“永远的奥古斯都”才配得上世界最美花朵的赞誉。据记载，1637 年一枚“永远的奥古斯都”售价近七千荷兰盾，要知道当时荷兰人的年均收入才为 150 荷兰盾左右。有了这样一笔钱，即便是阿姆斯特丹的河景豪宅也可随意挑选。如果拿荷兰人钟爱的奶酪打比方，那么其价值同二十余吨重的奶酪相当。由此可知，荷兰人对其喜爱到了怎样的一种狂热境界。

杂色郁金香的花格外美丽，但其上花纹的出现却难以掌控。甚至即便是由杂色郁金香鳞茎长出的子代，也不一定会出现杂色花纹，哪怕出现了花纹，图案同其母代也不一致。有关杂色郁金香的记载可以追溯到 16 世纪，1593 年奥地利人卡罗鲁斯·克卢希尤斯（Carolus Clusius，维也纳皇家草药植物园负责人，知名植物学家）在掌管荷兰雷登大学植物园期间将其引种进来，并详细记载了各种花纹和颜色。虽然，他注意到杂色郁金香会因鳞茎脆弱而致品种消亡，但杂色花纹性状无法稳定遗传的原因却始终没有找出。一直到了 20 世纪的 30 年代，才由 Cayley 和 Mckay（二人皆为植物病理学家）证实那美得令人窒息的杂色花纹竟是拜郁金香杂色病病毒感染所赐（该病毒隶属于马铃薯 Y 病毒属，可通过蚜虫传播）。由此，一些荷兰种花人开始尝试用嫁接的方法使健康郁金香球茎染病，进而培育出变异花色品种，以此来实现他们的发家致富梦。

植物病毒个体微小，在普通显微镜下根本无法看到，只有通过电子显微镜才能一窥真容。它们多寄生于植物细胞组织之中，通过复制实现繁衍。植物病毒具备迁移性，它们能够随同有机物质运输传染植株其他部位。而感染了病毒的植株其花青素合成会受到不同程度干扰，花青素分布也因此呈不均匀态，出现一些色彩对比鲜明的彩色条纹也就不足为奇了。另外，有一项“殊荣”是属于郁金香的，那就是第一个被人类记载的植物病毒病便来自郁金香。

爱花人士对郁金香的钟爱可谓是基于“病态美”之上，而其成就者便是以往“恶名在外”的病毒。可以说，离开病毒的作用便没有绚丽多彩的郁金香，小小的它们也会成花之美。

45 产甲烷菌的秘密

阳光明媚的午后，笔者带着孩子到附近山里的农家乐游玩，美丽的风光，充满质朴气息的乡村田园，可口喷香的饭菜，再加上鸭子、母鸡和牛等禽畜不时发出的嘎嘎、咕咕和哞哞等声响，一副耐人回味的立体画面便呈现于眼前，此时此刻的我们是那样的幸福！

突然，女儿小眉头一皱，对我说：什么味道这么臭啊？我看了下四周，回答：是农民伯伯家饲养的动物们排放的大小便发出的气味。女儿接着说：多难闻啊，堆在那里还破坏风景，对环境也会造成污染。我说：是啊，其实除了你说的，这本身还是种资源浪费。毕竟，这些粪便是可以做有机肥的……

实际上，采用一些技术和措施，这些粪便不仅会被消解掉，其过程中还可产生甲烷，而甲烷则是一种优质能源燃料。有机垃圾变废为宝的过程，让人心喜，但有多少人知道其中的主要功臣竟是肉眼不可见的微生物呢？接下来，将着重围绕产甲烷菌进行介绍，希望读者朋友们能够有所了解。

产甲烷菌实为统称，泛指能够将有机或无机化合物代谢转化成二氧化碳和甲烷的古细菌。产甲烷菌分布极其广泛，几乎每一个与氧隔绝的环境中，都有它们的身影。比如，水（海）底沉积物、湿地土壤、植物体内，以及动物消化道等。产甲烷菌属于严格厌氧（有氧气无法生长繁殖，甚至死亡）的原核生物，是一类具有重要功能和意义的环境微生物，同自然界碳素循环关联紧密。受研究手段所限，人们对产甲烷菌的认知史还不足 170 年。然而，在严格厌氧操作技术发明之后（又以美国微生物学家亨盖特于 1950 年发明的亨盖特厌氧滚管技术最具代表性），其研究渐呈爆发之势，现在则是当之无愧的研究热点和焦点。巴氏甲烷八叠球菌（*Methanosarcina barkeri*）和甲酸甲烷杆菌（*Methanobacterium formicium*）是最早被研究人员分离出的产甲烷菌，之后随着厌氧分离技术的改进，以及分析和鉴定手段的不断更新，越来越多的新产甲烷菌得以被发现。先后已有超过 5 种的产甲烷菌完成了全基因组测序，人们对其细胞结构、代谢途径和适生环境等也已有了较为深刻的了解。

不同种类产甲烷菌的细胞壁结构和成分各不相同，有的属于革兰氏阳性菌，有的则属于革兰氏阴性菌。但它们共同的特点，除了严格厌氧外，就是生长繁殖异常缓慢了。它们的生长速度用"龟速"形容一点都不为过，甚至还要再慢许多。其他种类的微生物，少则几分钟，多则几天便可繁殖一代，而产甲烷菌则要十余天，或是几十天才行。就这还是在人工培养条件下取得的"佳绩"呢，要是回到自然条件下，这一时间还要延迟。所以，产甲烷菌菌落（由单个细胞或一堆同种细胞在固体培养基表面或内部形成的肉眼可见的细胞群落）微小在微生物界是出了名的，不仔细观察，真可能视而不见。产甲烷菌之所以生长如此缓慢，同其"挑食"密不可分。产甲烷菌最爱吃的"食物"多为简单物质，如氢气、二氧化碳、甲酸和乙酸等。然而，自然界中哪来足够的简单有机物供其"吃饱喝好"呢。要知道，自然环境中绝大多数有机物都是比较复杂的。产甲烷菌只能寄希望于其他微生物成长繁殖后，将复杂有机物分解成简单有机物供其"果腹"。哎，这种先看别人大鱼大肉，待其酒足饭饱之后，自己方能"拾人牙慧"的滋味也真够憋屈的。

产甲烷菌之所以能够把垃圾中的有机物转化成甲烷，是因为它们可以通过新陈代谢，把有机物中的碳同环境中的氢相结合。目前，公认的甲烷微生物合成途径主要有三条，分别是以乙酸（盐）为底物，以氢气和二氧化碳为

底物，及以甲基类化合物为底物的合成途径。其中，又以第一条合成途径所产甲烷量为最（逾自然界甲烷量的六成），第二条途径次之。也正是因为产甲烷菌的这一功用，才使得环境中的酸性物质不至大量累积。否则，那么多其他种类的微生物将复杂有机物质分解后，环境中的酸含量便会上升，到达一定程度后甚至就连地球这个美丽世界都可能被腐蚀掉。所幸，如此可怕的大事件尚未发生过。

最后，需要强调的是产甲烷作用同样发生在人和动物的肠道中。虽然人类消化不需要产甲烷作用，但对于牛和羊而言产甲烷菌不可或缺，它们能够将草料中的纤维素转化为有利于牛、羊吸收的营养物质。所以，小小的产甲烷菌可谓用处多多，是人类、动物和大自然密不可分的好朋友！

46 马铃薯晚疫病

马铃薯（拉丁学名：*Solanum tuberosum*，英文：potato）又叫土豆、山药蛋、地蛋、洋芋、荷兰薯等，是一种多年生的茄科植物块茎。马铃薯一年通常进行一季或两季栽种，营养价值高，产量也高。目前，它位于小麦、稻谷和玉米之后，是全世界第四大粮食作物。马铃薯原产地是南美洲的安第斯山脉，后来才渐渐传播到欧洲、北美洲和亚洲。在我国，马铃薯最早是在明朝万历年间（距今四百多年）被引入的，非土著性农作物。当前，其在东北、西北、华南，以及内蒙古地区有大面积种植。我国无论是在马铃薯产量，还是种植面积方面都位居世界首位，是当之无愧的马铃薯第一大国。在2015年，我国更是启动了马铃薯主粮化战略，力争要把其加工成馒头、面条、薯粉等，并使其成为继水稻、小麦和玉米之后我国的又一主粮。

同其他农作物一样，马铃薯也会发生病害。其中，又以致病疫霉（拉丁学名：*Phytophthora infestans*）侵染所引发的晚疫病最为“臭名昭著”。全世界每年由此造成的直接经济损失高达数百亿美元，堪称毁灭性病害。其危害性之大，甚至一度影响了人类的历史进程。曾举世震惊的爱尔兰大饥荒便是一例，当年（1845—1846年）马铃薯晚疫病在爱尔兰肆虐，造成绝收，致使一百万左右的爱尔兰人死亡（饿死），另有一百五十多万人背井离乡，动荡频发……

马铃薯晚疫病作为一种典型性流行病害，当前在我国各马铃薯种植区几乎均有发生。其发生和流行与气候条件关联紧密。低温（10 ~ 25℃），高湿（大于80%）是该病最易发生的情况。以我国西北地区为例，每年7、8月降雨有所增加，昼夜温差大，当遭遇连续阴雨（或雾），马铃薯叶片上有露水时，病害的发生和流行便较为严重。在条件适宜的情况下，马铃薯晚疫病可在一周之内完成对整片田地的横扫，造成绝收。

致病疫霉是一种卵菌，在通气状况良好的淡水和海水中（常被称为水霉），以及陆地上较为常见。它在分类学上隶属茸鞭生物界，卵菌门，卵菌纲，霜霉目，腐霉科，疫霉属（*Phytophthora*）。由于卵菌在很多方面与真菌相类似（如呈菌丝状生长），故常被人们误认作一种真菌。但是，随着对其研究的不断深入，科研人员发现其细胞壁主要是由纤维素和葡聚糖构成，而这同真菌有着极为显著的区别（真菌细胞壁主要由几丁质构成），也在一定程度上决定了二者在繁殖、生物学特征，以及入侵植物方式等方面存在差异。此外，系统进化学和相关新陈代谢研究也表明卵菌是完全不同于丝状真菌的一类真核生物。从亲缘关系上看，其与一些具叶绿素 a 和 c 的藻类（如硅藻和褐藻）更为接近。

致病疫霉属半活体营养型病原菌，侵染初期它需要在活的寄主细胞中定殖，进而造成寄主组织坏死，随后会继续存活于坏死组织中并形成孢子。致病疫霉能够侵染马铃薯的叶片、茎和薯块，最初侵染源多为遗留在田间或用作种薯的带病植株。当它侵入植株后，便会在寄主细胞间形成分枝菌丝体，而这些胞间菌丝能够生出指状吸器侵入细胞内部，引发寄主组织坏死。条件适宜情况下，还会形成大量孢囊梗（支撑孢子囊的菌丝分枝），并从位于叶片背面的气孔中冒出。随后，其上的孢子囊可形成、释放出大量的孢子，这些孢子落到寄主植物叶片上后便可萌发并形成附着胞，侵入表皮细胞，开始新一轮的侵染循环（图 20）。

图 20　田间发病情况（华中农业大学马铃薯课题组提供）

诚然，晚疫病对马铃薯的危害是相当巨大的。但作为受害的一方，马铃薯并非总是坐以待毙，而是进化出了一些"秘密武器"与之相对抗。比如，在一些抗晚疫病的马铃薯品种中，病原菌的毒力因子（构成毒力的物质）就能够被寄主的抗病蛋白所识别，引发防卫反应。与之相对，病原菌也会使出浑身解数，进化出新的毒力因子来逃避寄主识别。于是，在漫长的进化过程中，马铃薯和病原菌便为了各自的生存大计而不断进行着"军备竞赛"。当然，育种者们也在想尽各种办法（如与野生抗病品种杂交和基因工程育种），帮助马铃薯占得先机。在保证其产量和品质的同时，满足人类自身需求。怎么样，是不是挺有趣的呀?

47 醉马草事件的元凶——内生真菌

醉马草（拉丁学名：*Achnatherum inebrians*）是禾本科芨芨草属植物，因为马吃了这种草之后会心跳加速、进食量减少、步履蹒跚就像人喝醉酒一样（严重者会死亡），故得此名号。醉马草在我国甘肃、新疆、宁夏、内蒙古和青海等地有着广泛的分布，是北方天然草场上的知名毒草。实际上，能够致使牲畜（牛、马、羊等）“醉酒”的不止它一种，苇状羊茅和黑麦草也有类似问题。20 世纪 80、90 年代，美国牛由于食用了苇状羊茅而大规模发生中毒事件，年均损失超九位数，新西兰羊由于食用黑麦草所引发的蹒跚病每年损失也在百万新元之上。

那么，引发这些牲畜中毒的原因究竟是什么呢？科学家发现这些引发牲畜中毒的牧草中都含有大量生物碱，包括黑麦草碱类（lolines）、麦角缬氨酸（ergovaline）、波胺（peramine），以及震颤素（lolitrems）等。正是这些生物碱致使牲畜体内激素生成减少，引发其内分泌失调，进而出现中毒症状。后续研究发现，这些生物碱的产生同牧草中的内生真菌（简称内生菌）息息相关。之所以称之为内生真菌，是因为它们一般仅存活于宿主植物的细胞间隙之中（不侵入细胞），并不破坏植物组织或细胞，还能通过植物种子进行延续。只有在抽穗前夕，部分内生菌才有“出头之日”——在宿主植物部分分蘖上形成子座（一种真菌组织体）。

禾本科植物内生菌是如何产生生物碱的呢？研究发现，内生菌的基因组含有合成上述生物碱的全套基因。但是，在离体单独培养条件下，在其体内极少能够检测出生物碱。换言之，只有当这些微小生物存活在其宿主禾本科植物中时，生物碱合成基因才会“做工”。大自然就是这样的奇妙，经过漫长年代的进化，内生菌与禾本科植物建立起了互惠的共生体系，“荣辱与共，相互扶持”。宿主植物为内生菌提供适宜的生存环境，而内生菌也不忘“投桃报李”——部分食牧草害虫，如叶蝉、阿根廷茎象虫、白翅长蝽和小地老虎等就不爱吃含有生物碱的牧草，嫌“味儿冲”。目前，至少发现了35个属的害虫会抗食含有内生菌的禾本科植物。除了协助植物抵御害虫，内生菌还可提升牧草对病害的防御能力。生物碱的存在使得诸如立枯丝核菌（*Rhizoctonia solani*）、禾谷炭疽菌（*Colletotrichum graminicola*）、禾谷丝核菌（*Rhizoctonia cerealis*）、草瘟病菌（*Magnaporthe poae*）、链格孢菌（*Alternaria alternata*）、镰孢菌（*Fusarium* spp.）等常见牧草病原真菌的侵染受阻。同时，生物碱的存在还能阻碍携有病毒的昆虫侵食，显著减少牧草病毒病的发生。此外，内生菌还能为其宿主植物带来一些其他好处，比如它分泌的生长激素（吲哚乙酸等）会促进牧草产生更多分蘖，长势也更加旺盛，还具备了一定的抗寒和抗旱能力。

实际情况就是这样地令人矛盾，一方面内生菌能为牧草带来诸多好处，但牲畜的病患和畜牧业的巨大损失又是人们无法回避和不愿承受的。那么，人们应当怎样利用内生菌呢？其实，问题一定是同机遇伴生的，禾本科植物除了可作牧草之用外，还有一个重要的用途就是作草坪草。像多年生黑麦草、早熟禾和苇状羊茅等都是当前大面积种植的优质草坪草品种，而其中大多都含有内生菌。早在这些草坪草选育之际，育种人员就考察了内生菌赋予它们的优良特性，并加以品评。此外，当前也有科学家在尝试对内生菌——植物这一共生体系进行改良，并取得了一定成效，例如新西兰研究人员就成功培育出了对牲畜无毒害作用且含有内生菌的黑麦草和苇状羊茅品种，并已投放市场。相信随着科技的快速发展，越来越多性状优良的新品种会不断呈现，造福人类。

48 疯 牛 病

这两天全国各大主流媒体竞相播报的都是香港回归20周年的系列庆典活动，而随着习主席视察、检阅中国人民解放军驻港部队，庆典也进入了高潮……带着前一天的喜悦和兴奋，笔者一早起来浏览网页，想看看有没有后续新闻报道。然而，一则"时隔14年　美国牛肉重返中国市场"的新闻吸引了笔者的眼球。究竟是什么原因让我国在十多年前放弃了从美国这一世界上最大的牛肉生产国（第四大出口国）进口牛肉呢？疯牛病（mad cow disease），一个令人恐惧和不安的字眼随即映入眼帘。

2003年注定是多灾多难的一年，席卷全球的"非典"疫情刚被击退，疯牛病又"登台亮相"。当时，美国农业部声称在该国华盛顿州发现了一头患有疯牛病的病牛。一经宣布，举世震惊！要知道自20世纪90年代初期美国就严防疯牛病传入，而从地理位置上看，美国同疯牛病的始发地英国更是远隔万水千山。另外，当时疯牛病的主要传播途径已被查明，世界性的疯牛病"剿灭战"也进行过。短短数日之内，三十多个国家（含中国）宣布禁止从美国进口牛肉及其相关产品，美国年经济收入因此损失五十多亿美金。

人们为何会谈疯牛病而色变呢？这要从1985年4月的一天说起，那天在位于英国南部的阿什福镇发现了全球第一例高传染性疯牛病。翌年，英国农业部兽医中央研究所的科研人员首次对该病进行了报导。通过细致检查，该所Well等人将该病命名为牛海绵状脑病（Bovine Spongiform Encephalopathy，BSE）。后来，一些国家由于从英国进口了被BSE感染的牛或是其制成的肉骨粉而受到波及，成为疯牛病受害者。这些国家包括德国、丹麦、法国、爱尔兰、葡萄牙等。1998年，疯牛病更是"走出"欧洲，为祸四方。2001年，日本出现疯牛病，成为亚洲地区的首例……就这样，在不到二十年的时间里，疯牛病横扫了全球。BSE作为人畜共患病（病程14 ~ 90天），研究发现其潜伏期长（一般为4 ~ 6年），人感染致死率极高（几近100%），发生后易造成巨大经济损失，目前被各国口岸检疫部门列入重点防范名单之中。BSE多在4岁左右成牛上发生，但各自症状不同。病牛染病初期无明显症状，随着病程进行会渐渐出现焦躁不安，行为反常，对触摸（尤其是头部触摸）过分敏感，出现摔倒和抽搐等情况，后期更会痉挛，心跳变慢（约50次/分），呼吸急促，体重快速下降，消瘦直至死亡。对尸体进行解剖还会发现其脑灰质呈对称性病变、部分海绵状，球形或椭圆形空洞出现于神经纤维网中，神经细胞出现明显肿胀和坏死。

当前，国际上公认的疯牛病病原物是Prion，国内称之为朊病毒，又叫毒朊（朊为蛋白质的旧称）、感染性蛋白质、蛋白质侵染因子。与常规病毒不同，该病毒既不含DNA（脱氧核糖核酸），也不含RNA（核糖核酸），是一种个体极其微小的蛋白质，属自我复制型病原体。也正是由于它与普通病毒不同，诸如离子辐射、紫外、超声波和非离子型去污剂等常规病毒杀灭手段对其效用不强，反倒是苯酚和尿素等蛋白质变性剂可有效使之灭活。该病毒非常顽固，可在土壤中残存三年，即便是在135℃左右的高温条件下也能存活约三十分钟。

早期英国进行的疯牛病流行学研究显示，全部病例的可能传染源是被污染的精饲料（如肉骨粉），其传播途径也由此得以预见。所幸，我国畜牧业养殖

中极少使用类似动物源性添加剂，而且农业农村部早已明令禁止使用同种动物原性蛋白饲料喂养同种动物，故截至目前尚未出现疯牛病病例。但切不可认为疯牛病离中国老百姓十万八千里、疯牛病在中国水土不服，更不可放松警惕，防患于未然总是明智之举。为此，相关口岸检疫部门首先要严格把关，让疯牛病“饱食”闭门羹。其次，立足国情，针对畜牧养殖现状，建立并完善预防、监督、应对和追溯等机制，打造坚实且科学的防疫体系。再次，相关科研工作者要积极、大胆、深入开展相关研究，做好理论指引和技术支持。最后，教育、引导公众信科学，不传谣，不恐慌。在笔者看来，如果上述四点都能落实，那么疯牛病还真的疯不起来！

49 生物之极——极端微生物

1965年夏日的一天，烈日炎炎、无风，窗外只有知了的聒噪声，让人不胜其烦。美国华盛顿大学的微生物学家托马斯·布洛克（Thomas Brock）和夫人路易斯·布洛克（Lois Brock）在结束休假之后，驱车返回自己的实验室，途径黄石国家公园时被眼前的美景所吸引。迷人的风光和间歇泉的奇异喷射令二人驻足，忘却了一切烦恼……出于职业习惯，他们在漫步之际还采集了一些翡翠泉中的水样留作日后分析之用。几天后，布洛克先生在闲暇之余突发奇想："这些采集自翡翠泉的样品中会不会有生命体存在？"于是，他便和同事展开了研究。他们惊奇地发现，在取回的接近70℃、富含硫化物的强酸性（pH为3）沸泉水样中竟然存在着许许多多的微生物。布洛克研究小组向世人们首次证实了极端微生物的存在，而且还是兼具嗜热和嗜酸特性的微生物，而正是这一次的偶然发现拉起了日后嗜热微生物和极端微生物研究的大幕。

此后，科学家们逐渐放大极端微生物的研究范围，并在此过程中对极端微生物的定义作了进一步的完善，明确极端微生物是指以极端环境为最适生活环境的微生物的总称。以往，人们想当然地认为任何已知生命的存在都是通过其对自然环境的不断适应而最终幸存下来的，故而认为在一些极端环境中，如沙漠、深海海沟、极寒之地等不可能有生命的存在。然而，过去数十年中的一个又一个的发现不断颠覆和修正了人们对自然界的认知。英国肯特大学微生物学家艾伦·布尔（Alan Bull）探索了地球上最为干旱的沙漠——横跨智利北部的阿塔卡玛沙漠，在那里他发现了形态各异且能够耐受强紫外辐射和极度干旱环境的放线菌。2013 年，南丹麦大学的罗尼·格拉德（Ronnie Glud，生态学家）及其团队证明在马里亚纳海沟底部挑战者深渊中存有微生物，而它们所处的环境是完全黑暗、极度寒冷和压力巨大的。他们的不少分析样品源于海平面 11 千米以下，其微生物丰度（反映多样性的指标）达到了 1 000 万 / 厘米^3，是海沟顶部淤泥样品微生物丰度的十倍。2014 年，英国诺森比亚大学的戴维·皮尔斯（David Pearce）对霍奇逊冰湖（Hodgson Ice Lake，位于南极洲）的水下沉积物进行了分析，发现了大量耐受极寒的微生物，而这些微生物的繁衍史甚至可以追溯到十万年前！

微生物的分布可谓遍布全球，而作为其中的特殊群体，极端微生物的进化和生理机制，以及其特殊的功能和贡献日渐成为众多科研工作者关注的热点和焦点。越来越多的研究表明，极端微生物对人类而言起码可以在以下两个方面做出杰出贡献：第一，作为自然界的特殊生命体，它们种类繁多的代谢物就是一个天然药材库。毫不夸张地说，极端微生物承担着发掘新型药物和治愈人类诸多疑难杂症的重任。第二，某些极端微生物在高 pH（酸盐度）和高盐条件下可产氢气和 1,3- 丙二醇，这就使得这些微生物具有很高的工业利用价值。因

为，氢气可以用作替代化石燃料的新型能源，而有机物 1,3- 丙二醇则可作为多种复合材料、黏合剂，以及层压材料和涂料合成的原料。

我国极端微生物研究起步较晚，仅有 20 余年的时间。但我国幅员辽阔，地质地貌特征复杂、多样，诸如云南腾冲地区的沸泉、内蒙古地区的盐湖、新疆的塔克拉玛干沙漠等特殊环境的存在都为极端微生物研究工作的开展创造了有利条件。科研工作者们应当充分把握有利时机，奋起直追，力争早日在极端微生物研究领域赶超发达国家，不辜负大自然的厚赠。

50 移动的净水堡垒——活性污泥

我们都知道，喝了被细菌污染的水会让人生病。但是你知道么，细菌不都是有害的，有些微生物可以分解水中的污染物质，使已经污染的水得以净化。更有一种由这些微生物共同聚集形成的复合体被人们专门用于污水处理，大家称之为“活性污泥”。

为什么用于污水净化的微生物聚集体会被叫作“活性污泥”呢？这是因为生活污水在连续曝气的情况下，会形成一种黄褐色絮凝体状的聚合物，这个聚合物主要由大量、各式各样的微生物群体，以及它们的分泌物（例如：多糖和蛋白质）构成。它们可以通过自身的新陈代谢作用，把周围的有机物质转化成无毒无害的无机物质（通俗点说，就是它们可以把这些有机物质当作“饭”吃掉）。再加上它们的外观看起来像是黄褐色的泥水，所以就被起名叫作“活性污泥”了（图 21）。

图 21　取自城市污水处理厂的活性污泥

实际上，活性污泥并不是污泥，同“土”字毫无关系。它由大量的微生物构成，是微生物的聚集体，是具有生命力的复合体。这些微生物主要包括细菌、丝状菌、原生动物和后生动物等。其中，细菌是净水的主力部队。在正常成熟的活性污泥上栖息的细菌数，大致介于 $1\times10^7\sim1\times10^8$ 个 / 毫升。受其遗传特性决定，细菌之间会按照一定的排列方式互相黏结在一起，被一个公共多糖荚膜包围形成具备一定形状的集团，科学家们把这个细菌集团叫作“菌胶团”（图 22）。菌胶团中的菌体，由于包埋于胶质之中，不容易被原生动物所吞噬。另外，菌胶团具有良好的沉降性能，可以让活性污泥通过沉淀作用与水进行分离，再将处理后的水排出，净水目的便达到了。活性污泥上栖息的细菌种类很多，但是能够在活性污泥上形成占据一定优势的微生物种属就和处理污水的类型有关了。一般来讲，当水中含有大量糖类和烃类时，假单胞菌属微生物会占优势，而当水中含有较多蛋白质的时候，产碱杆菌便会占优。但是，不论哪种细菌占优势，它们都拥有较强的降解有机物并将其转化为稳定无机物质的能力。

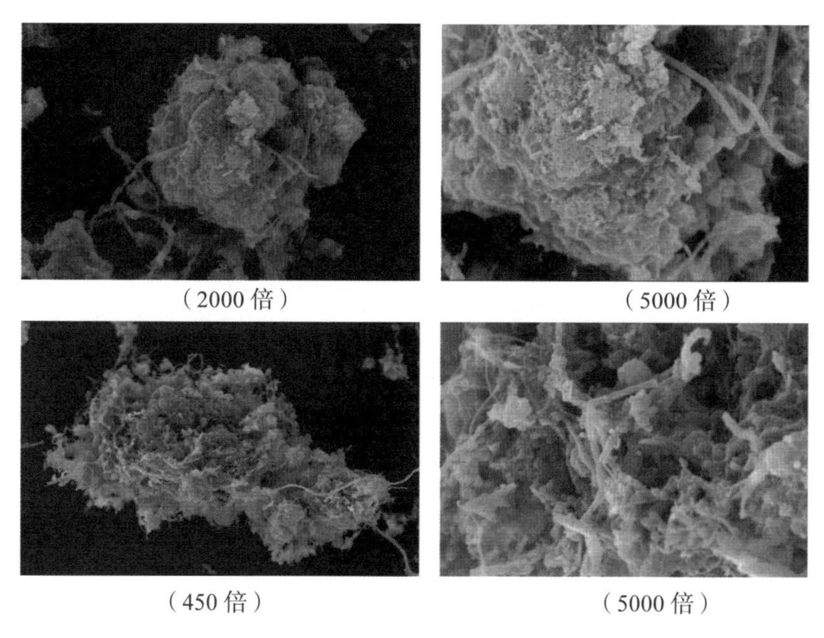

（2000 倍）　（5000 倍）

（450 倍）　（5000 倍）

图 22　活性污泥的扫描电子显微镜照片（括号中为放大倍数）

活性污泥中的原生动物主要有肉足虫、鞭毛虫及纤毛虫等。原生动物不断地摄食混合液中的游离细菌，进而发挥出净化水质的作用。活性污泥中的后生动物则主要是轮虫，轮虫不经常出现在活性污泥体系中。但是，如果有轮虫出现，那就意味着处理系统中的水质已经非常好了。所以，轮虫也常常被当作是活性污泥处理系统效果优异的晴雨表。

有正就有反，有一类微生物的存在，会破坏活性污泥的沉降性能，这就是丝状菌。丝状菌经常会出现在活性污泥系统中，它们对有机污染物具有一定的分解能力。因而，在合理数量范围以内，它们的存在是有益的。但是，当丝状菌大量繁殖衍生以后，会同菌胶团交织在一起，并成为活性污泥的“骨架”，使得细菌之间不能再紧密结合，进而导致活性污泥结构松散，浮力增强而难于沉淀，人们想要获得澄清的净化水也就由此增加了难度。而另外一些细菌，譬如枝状动胶杆菌和放线形诺卡氏菌等，它们虽然也具有枝状结构，但由于这些细菌能够分泌出具有黏性的胶体物质，不仅可以使细菌互相黏结、形成菌胶团，还能够很好地吸附和黏结一些微小颗粒及可溶性有机物，反而对活性污泥有着良好的促增作用。

活性污泥系统中的微生物多种多样，营养物质（如：C、N、P、Na、K、Mg、Ca、Fe、S）、温度、含氧量和有毒有害物质等都会对它们产生影响。所以，要让活性污泥发挥出人们期许的净水堡垒功能，一定要保证它们处于适宜的成长状态，而这可是一门大学问哦。

我们用水洗澡，可水脏了用什么洗呢？

石油污染的微生物修复

随着现代社会的飞速发展，石油成为不可替代且最为重要的能源之一。石油又被称作原油，深褐色液体，质地黏稠，包含多种链烷烃、环烷烃、芳香烃，以及少量非烃化合物，是一种成分非常复杂的混合物。由于管理不当，措施、设备不齐，再加上意外事件等的发生，在其开采、装卸、运输、加工和使用过程中容易发生外泄和污染情况，对周边环境和生态种群构成严重危害。据估算，全世界每年进入环境中的石油总量在八百万吨以上，严重污染了地下水、地表水、海洋和土壤，石油成为海洋环境污染的主要污染物。以 1991 年海湾战争为例，当时因输油管漏（溢）油，仅海鸥便丧生二百余万只，许多动植物和鱼类也未能幸免……

那么，一旦石油污染发生人们该如何应对呢？从方法分类上讲，大致可分为化学、物理、生物和复合四类。化学修复主要是通过喷洒化学药剂，达到氧化分解等目的，但该法的缺陷是成本高昂且易构成二次污染。物理修复相对简明，主要利用抽吸机、水栅、撇沫器、油缆和吸附介质等吸收和拦阻石油，之后再通过其他方法进行后续处理。因而，不难发现，物理修复的缺点就是无法一步到位。生物修复（bioremediation）则是利用生物（特别是微生物）的新陈代谢作用，催化降解石油污染物及其衍生物。降解过程中，部分微生物首先会产生多种酶类，将重质的烃类裂解，进而降低石油的黏稠度。随之，多种微生物一起再将污染物及其衍生物分解成为小分子进而完成修复。该法修复最终产物为二氧化碳和水等，不构成二次污染，对生态环境友好。此外，作为一种原位修复方法，该法还兼具效率高，成本相对低廉，可处理污染浓度阈值低等优点，近年来备受关注和青睐。复合修复方法则是以上三种方法的组合，可视具体情况灵活选用。

研究数据显示，海洋本身就存在有大量能够降解石油的微生物，种类保守估计在 200 种以上。其中，仅是能够降解石油的细菌种类就包括：弧菌、假单胞菌、棒状杆菌、芽孢杆菌、气单胞菌、黄杆菌、不动杆菌、产碱杆菌、无色杆菌、肠杆菌、葡萄球菌，以及节杆菌等。对其石油降解影响最大的两个因子分别是降解能力和种群数量，不同种类的微生物降解能力不同，同种类不同菌株间降解能力也存在差异。此外，单一菌种的修复效果通常没有复合种类的来得好。另外，受限于生物本质，微生物修复效果会受污染区域理化性质（酸碱度、温度和营养物质等）和主要污染物特性影响。一般而言，高硫、高芳香烃原油要比低硫、高饱和烃原油更难降解。针对不同的限制因子，人们也提出了各自的强化修复方案。比如，人工投加营养物可以调节待修复区域的营养水平，减少（或消除）某些养分缺失对微生物生长繁殖和新陈代谢的影响。再如，向污染区域投加氧化剂（如过氧化氢），可使部分污染物直接氧化，并为微生物提供充足的电子受体，强化污染物去除效果。

实际上，早在 20 世纪 70 年代，美国亚特兰大大学科研人员便发现一些酵母菌可存活于石油污染的水中，并实现增殖，表明它们可以“吃食”石油。进入 80 年代后，相关研究不断深入、发展快速，并在阿拉斯加 Exxon Valdez 油轮石油泄露事件中得以崭露头角，短时间内清除了污染，恢复了环境，为生物修复开了个好头。而自 90 年代以来，生物修复技术更是逐渐成为了石油污染修复的核心技术，广为人们所运用。

写在最后，笔者想说：尽管微生物修复已经取得了不俗的战绩，后续也还有很多潜力值得挖掘。但是，同其他修复方法一样，它也属于末端治理范畴。难道非要把自己逼到退无可退的地步，才靠这些“看家法宝”续命吗？

52 你真的了解EM菌吗？

早在2013年，政府就提出了水产养殖绿色可持续发展的战略目标——高效、优质、生态、健康、安全。随之，地方上纷纷响应，广大养殖户逐渐减少了化学投入品的使用，转而更多地开始使用水质改良剂。当前，水产投入品市场可谓五花八门、鱼龙混杂，产品质量更是良莠不齐。在这样的大环境下，EM菌概念及其相关产品日渐为市场所消化接收。然而，由于监管不力等因素，EM菌产品在逐渐占领市场的同时，也暴露出了不少问题，养殖户对其使用效果褒贬不一、众说纷纭。

其实，上述问题在很大程度上同人们对EM菌的认知模糊，不甚了解其工作原理密切相关。EM为英文Effective Microorganisms的首字母缩写，这一概念最早于20世纪80年代初由日本琉球大学的比嘉照夫教授等人提出。他们围绕这一概念展开研发，并成功研制出了一种新型复合微生物制剂。这一制剂含有多达10个属80余种的微生物，涵盖了酵母菌、乳酸菌、放线菌，以及光合细菌等大类。由于其中包含大量的有益微生物种群，且性能稳定、功能齐全，一经推出便受到了多方的关注，好评连连。我国在引进这一菌剂后，将相关技术在环保、种植和水产等领域进行了大力推广（主要用于水体富营养化防治），并取得了一定的成效。

接下来，再来了解一下水体富营养化的概念。水体富营养化（eutrophication）作为水污染防治中的棘手问题，已困扰我国环保界多年，它主要是指水体中以氮和磷为代表的营养物质含量过多而引发的水质污染现象。一般而言，当水中无机氮和总磷的浓度各自达到0.3毫克/升和0.02毫克/升水平时，即可认定为富营养化状态。水体富营养化的危害不仅仅局限于经济损失层面，更会破坏生态文明建设。2007年夏，太湖蓝藻大暴发，致使无锡全城自来水受到污染！部分市民处于恐慌状态，多家超市矿泉水、面包和方便面等食品饮料被抢购一空。当年，仅是国家层面的拨款就达几十亿元！2008年奥运会期间，青岛附近水域浒苔暴发，奥运帆船赛场受到影响。国家前后共计花费几十亿人民币，并动员了山东和江苏两省的数千条渔船出海打捞，方将此次“浒苔危机”化解。而上述两起藻类大暴发致使水体严重污染事件的根源均是富营养化，其影响和危害由此可见一斑。

近年来，海水养殖多以高密度模式进行，片面追求高产出，致使养殖环境水体富营养化问题突出。问题即商机，借此各型 EM 菌剂纷纷抢占渔药市场，且均以富营养化问题解决为己任。但是，它们都玩得转吗？EM 菌剂是否有效，终究还是要从其构成讲起。由上可知，EM 菌剂是由不同特性、功能和种群的微生物复合而成，不同配伍的菌剂，其水质净化效果必定存在差异。为了最大限度地发挥作用，首先要尽可能长地保持其中各种群微生物的生物活性。身体是革命的本钱，健康的存活是一切功用的前提。为此，以芽孢杆菌为代表的，具备硝化、反硝化，以及固磷能力的多种适应于（或可耐受）不良环境的微生物被先后筛选出，并投入 EM 菌剂研发之中。其次，对于惯以“集团军”方式作战的微生物而言，要想取得预期的水质净化效果，菌剂中的活菌数量必须满足一定水平。GB 20287—2006《农用微生物菌剂》就对市售农用微生物菌剂中的活菌数量进行了规定，要求合格的 EM 菌剂产品每克（或每毫升）的微生物总数不得低于两亿 CFU（Colony-Forming Units，菌落形成单位）。此外，除了生物活性和活菌数量，EM 菌剂的施用方式对其效力发挥也存在较大影响。通常用作水质改良剂的 EM 菌剂多分次（每次数天）、持续施用，且不可与有杀菌或抑菌作用的药剂混用。

除了用于水质净化，EM 菌剂还可作饲料添加剂之用，其使用方式是将新

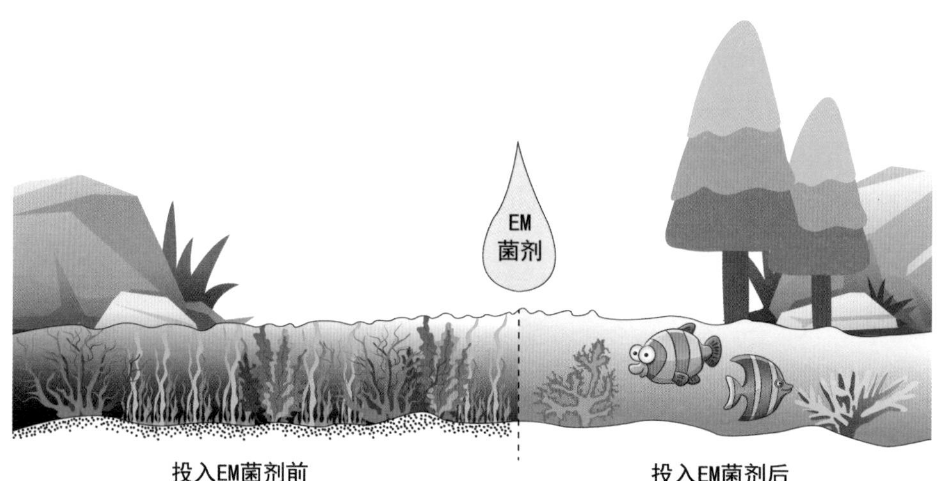

开封的 EM 菌剂拌料投喂（开封一周以上的菌剂不建议拌料使用）。通过这样的处理，不仅可以为饲喂动物补充所需的维生素、蛋白质和矿物质，还可以提供微生物代谢所产生的多种促生长因子和酶类，进而提高其免疫力，改善适口性，一举多得。

通过以上的介绍，想必读者朋友们对“EM”菌及其制剂有了新的了解。只有科学合理地将不同种群和功能的微生物进行配伍，最大限度发挥其各自的作用，“EM”菌及其制剂方能物尽其用，而这也正是微生物工作者们发挥聪明才智的地方。

53 奇妙！生物降解塑料

女儿是乐事薯片的忠实粉丝，每次逛超市都会带回一两包薯片。时值暑假，女儿每天最开心的事莫过于下午学习结束后可以抱着薯片坐在电视前面看自己喜欢的节目。昨天，一边吃着薯片，一边看着电视里的广告——一包“阳光薯片”掉落在地上，然后随着泥土渐渐变暗，最终踪影全无。女儿急忙喊道：“爸爸，广告里的薯片怎么不见了？连包装袋都没了，是骗人的吧？”我被问的丈二和尚摸不着头脑，碍于面子只能撑了撑鼻子上的眼镜，故作镇定地说：“稍等一会儿，我确认下再告诉你”。经过一番查证，发现这则广告中的包装袋来头可是不小。它是百事旗下菲多利（Frito-Lay）公司与 Nature Works 公司合作推出的全球第一个可百分百降解的商业化应用塑料产品！当“阳光薯片”的这一包装处于高温、潮湿的堆肥条件作用时，两周内便可降解完全，是真正的生物可降解塑料。

自 1869 年美国人海厄特（John Wesley Hyatt）首次合成“赛璐珞”以来，塑料工业至今已有百余个年头了。当前，塑料同水泥、木材和钢铁一道并称为四大支柱性材料。而且，随着其用途的不断扩展，产量逐年提升，产值和影响力巨大！然而，曾几何时被誉为 20 世纪最伟大发明之一的塑料，因其难降解性，环境危害暴露无遗。白色污染不仅会直接或间接地污染水、土壤和空气，其处理还要挤占大量空间，消耗大量能源，并形成可怕的二次污染。此外，它同现阶段我国社会所大力推行的可持续发展理念和低碳经济显得那么的格格不入。可以说，只有大力发展、推行生物降解塑料，白色污染问题才能得以缓解。

生物降解塑料是指在自然条件（如土壤）或特定条件（如堆肥和水性培养液）下，通过微生物作用，最终可转化为水和二氧化碳等物质的新型塑料。生物降解塑料大体上可分作两类：第一类是生物基降解塑料，如聚丁二酸丁二醇酯、聚羟基脂肪酸酯、聚乳酸和淀粉基塑料等。另一类是石油基降解塑料，诸如聚对苯二甲酸丁二醇—己二酸丁二醇共聚酯和聚己内酯等。当前，国内外进行大规模工业化生产的生物降解塑料主要为淀粉基塑料、聚丁二酸丁二醇酯、聚乳酸和聚羟基脂肪酸酯四种。

淀粉基生物降解塑料生产成本低廉、投资少、使用便捷，是一种淀粉经改性、接枝共聚反应后同其他聚合物混合加工而成的生物塑料。然而，虽被称作生物降解塑料，其最终产品还无法实现完全降解。淀粉基生物降解塑料问世最早，技术工艺也最为成熟，工业用途多，并有望成为聚乙烯和聚丙烯等的替代者，广泛用于材料包装和地膜铺设等，市场份额最大。

聚丁二酸丁二醇酯则是由丁二酸和丁二醇缩聚而得，与其他生物降解塑料相比，其具备更好的力学特性，耐热性能优异，改性后热变形温度可超100℃，可用于冷热饮包装和餐盒制作。此外，其成产加工通用度高，兼容现有塑料加工设备，还可填充淀粉和碳酸钙等物质，进一步控制生产成本。然而，其降解发生条件相对严苛，需要特定微生物作用方能实现。

聚乳酸作为一种高分子材料，是以乳酸为原料聚合而成的。产品具有高强度、易成型、无毒，以及生物相容性好等优点。其力学性能直逼聚丙烯，加工性和光泽度可与聚苯乙烯比肩，可用于生产各种包装材料。当然，最为重要的是，其可实现完全降解，是近年来重点研发的生物降解塑料种类之一。若是非要找个茬，那相对较高的价格便是制约其推广和应用的最大不利因素。

最后，为大家介绍一下聚羟基脂肪酸酯。这是一类结构多样、广泛存在于微生物细胞之中（充当营养和能量储存物）的高分子生物聚酯。其材料学特性同聚丙烯相近，可由碳水化合物等可再生资源合成，并能为微生物所完全降解。目前，其合成主要是利用微生物发酵进行。该法相对化学合成法而言，反应条

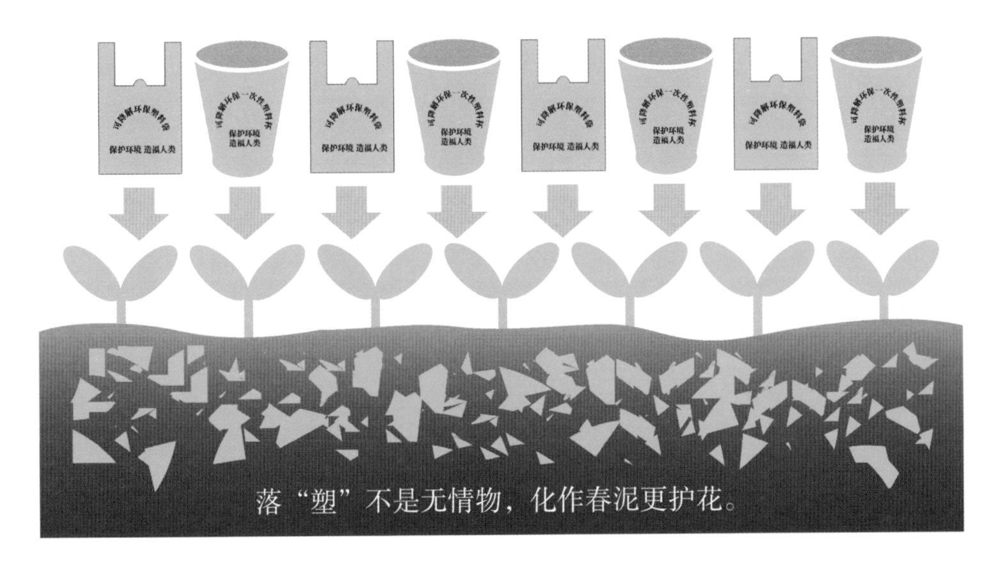

落“塑”不是无情物，化作春泥更护花。

件温和，无污染，得率高（最高可达细胞干重的 90%）。然而，生产成本要较传统石化工艺高出不少。所以，寻找更为廉价的发酵底物，筛选优质菌种，以及优化发酵和提取工艺等，便成为现阶段的研发热点和重点。

写在最后，人们强调发展低碳经济的重要性。但是，这不仅只体现在新能源的开发和利用方面，更为合理和充分地开发、利用闲置生物质，用好、用足微生物资源，也同等重要！大力推动生物降解塑料的开发和利用，不仅可以节约大量的资源，还可降低二氧化碳排放、减少白色污染，实为可持续发展的重要举措之一。

54 净水好帮手——聚磷细菌

进入21世纪以来，世界环境污染问题日益严重。其中，水体富营养化作为全球共性问题普遍存在，又以发展中国家最为严重。环保人士口中的水体富营养化是指因大量未经处理的工业废水和生活污水流入河流、湖泊等水体，致使其中的氮、磷等营养元素迅速增加，进而引发水质明显下降的现象。目前，磷元素被公认为是引发水体富营养化的关键因子，也因此成为首要去除和治理的靶标物质。

不少科学家想通过去除磷来改善水质，而现有的除磷方法大体可分为化学法和生物法两种。为了减少对环境的二次污染，政府和科学家推荐使用生物除磷法来净化水质。不要小瞧这个生物除磷法，正是因为人们摒弃了传统的净水观念，没有一味地认为所有的细菌都是有害的，才在大自然中发现了净化水质的好帮手——聚磷细菌。

图23 城市污水处理厂序批式反应器中的曝气情况

生物除磷法主要依靠聚磷细菌，通过它们在厌氧条件下释放磷和在好氧条件下过度吸收磷这样一个交替过程来实现污水中过量磷酸盐的去除（图 23）。这一过程的本质是将污水中的磷元素贮存于细菌体内，细菌随污泥共同沉降，再通过排放污泥来降低污水中的磷含量，最终达到净化水质的目的。

那么如何发现和分离聚磷细菌呢？以管莉菠等的实践为例，她们从我国东南部的不同地区分别采集了多份土壤样品和污泥样品（来自多家城市污水处理厂好氧和厌氧段反应池）；采用纯培养方法将土壤和污泥样品进行富集、分离，获得了近百个形态各异的微生物菌落；再通过蓝白斑筛选法、好氧培养和异染粒染色法，最终筛选到了几株细胞内含有大量异染粒的细菌（异染粒其实就是以无机偏磷酸盐聚合物为主要成分的无机磷贮备物，简称 Poly-P）；再将这些富含异染粒的细菌分别接种到模拟生活污水中进行好氧培养，测定不同时间段污水中的磷含量和菌体含磷量，菌体含磷量高的细菌就是高效聚磷细菌（图 24）。

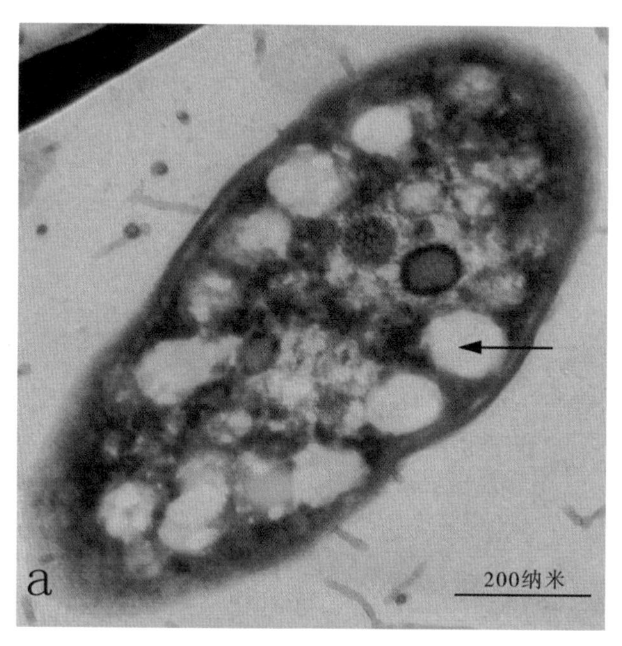

图 24　管莉菠等研究高效聚磷细菌时拍摄的电子显微镜照片
（箭头所指为 Poly-P 颗粒）

下面让我们再来看看她们是如何运用这些聚磷微生物进行水质净化的。为了验证聚磷效果，并获取能够真正应用于实际处理工程的高效聚磷细菌，她们模拟城市污水处理厂运行工艺，在实验室自己动手搭建了两套相同的序批式反应装置，并都以成分相同的模拟生活污水作为水源进行运行处理。其中一套装置投加一定量的高效聚磷细菌，另一套则作为对照不进行聚磷细菌投放。处理工艺分为进水、好氧曝气、沉淀、排水和闲置五个阶段。该工艺的原理——聚磷细菌在厌氧阶段利用体内的 Poly-P 和有机物合成大量的聚羟基酯，细菌胞内的磷浓度因此下降，而污水中的磷浓度则开始上升。随后，经过好氧曝气处理，聚磷细菌利用之前体内聚集的聚羟基酯过度吸收污水中的磷元素并合成大量 Poly-P。此时，污水中的磷浓度迅速下降，菌体随同污泥沉降后排出装置外。通过以上五个阶段的循环交替，最终达到除磷的净水目的。经过近一个月的测试，她们发现投加聚磷细菌装置中的污水磷含量符合国家相关排放水质标准，且效果稳定、持久。与之相对，对照装置除磷效果极差，污水中的磷含量远未达标，且运行效果非常不稳定，证明了投加高效聚磷细菌可显著提升装置的除磷效果。

有了聚磷细菌这一净水帮手，人们可以快速强化生物除磷系统的运行效果，大大缩短污水处理厂的水质净化周期和运营成本。我们在感叹微生物功能之奇妙的同时，也该为聚磷细菌送上一个大大的“赞”。

55 第一个环境微生物学微信公众号——nldxhjwswx

2012 年 8 月 23 日注定是一个要载入世界互联网大事记的日子，就在这一天腾讯公司在已有微信基础之上，向世人推出了新的功能模块——微信公众平台。WeChat 便是这一平台的英文名称，简洁而又不失响亮。人们可以通过这一新型公众平台，实现同选定个人或人群的实时信息互动、新闻传送，以及品牌传播等。一经问世，WeChat 便风风火火地大肆流行起来。据不完全统计，早在 2016 年我国开通的微信公众平台账号便已突破两千万大关。

面对这样的新局势，热爱微生物的人们又岂会无所作为。在当时的微生物教学之中，普遍存在一个问题——微生物看不见、摸不着，传统教学可视化程度不高、难以形成主观印象，学生普遍感到抽象、复杂、难以理解，学习兴致也因此受到抑制。再加上微生物学内容覆盖面广、跨度大等特性，如何将微观而又抽象的微生物世界进行展现，成为相关课程教学质量提升的瓶颈。机遇一定是伴随着问题而来的，于是便有了 2013 年 12 月中旬浙江农林大学虞方伯博士同杭州寸草心网络科技有限公司经理汪志强的一次“密谋”。在这场“密谋”之中，他们决心要做第一个环境微生物学微信公众号。擦出火花之后，二者便很快行动了起来。他们各自召集人手，根据每位成员的特长和兴趣爱好划分了一系列的单元模块，并设定了后续各阶段的工作目标和时间期限。

第二年开春，他们先是做好了网络平台基站——环境微生物学多媒体课件的网络版（图 25，网址为 http：//nldmt.hzccx.com/）。制作过程中，项目组采用了大量来自国内外优秀教材、网站、光盘，以及自制的素材。仅高清晰微生物形态图片和相关教学配图就有近 400 幅，剪辑音频和视频文件 20 余段，上线动画 100 多幅。此外，还建立了多个主题系列的图片库，具体包括微生物细胞结构图系、细菌基本结构分子构造图系、细菌特殊结构模式图系、放线菌细胞形态与结构图系、真菌形态与结构图系、病毒形态与结构图系，以及食品中常见微生物个体形态、菌落特征图像库等。

图 25　杭州寸草心网络科技有限公司牵头制作的环境微生物学网络版课件

有了扎实的平台基站，第一个环境微生物学微信公众号便于 2014 年 5 月出现在了微信公众平台之上。它的微信公众号为 nldxhjwswx，二维码如图 26 所示。进入公众号界面之后，便会发现“课件导学”“学习资源”和“实验资源”三个模块单元。而这些一级单元又各自下设有若干的二级单元，通过点击这些单元，关注人员可以非常便捷地调阅基站资料。

图 26　环境微生物学公众号二维码

我们手上看不见的细菌有多少?

2017-04-09 环境微生物学

我们手上看不见的细菌有多少?

众所周知，细菌在我们日常生活中无处不在，一块巴掌大的地方就有数不请的细菌。现在小编带大家了解一下我们手上的细菌有多少。

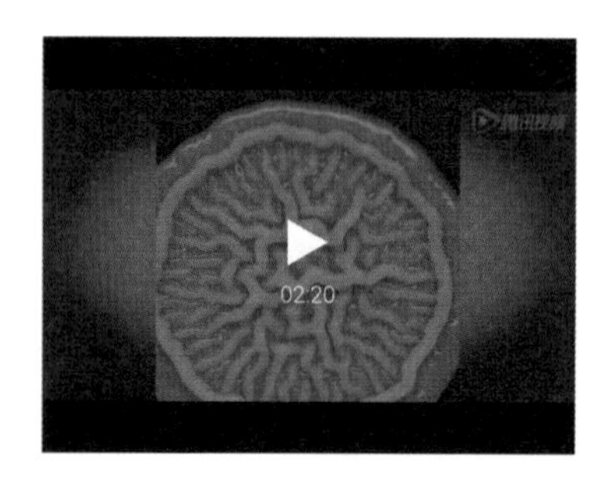

(转自：腾讯视频)

图 27　2017 年 4 月第二期推送内容

作为微信公众号，互动和推送当然是少不了的。关注人员同公众号管理者可以通过后台进行互动，管理者也可每月定期将一些自己编辑和加工的微生物相关新闻轶事和技术方法等及时推送给大家（图 27）。由于受公众号类型所限，以服务号形态出现的环境微生物学微信公众号每月只能推送 4 条群发信息。项目组更是将每月这仅有的四次机会紧紧抓牢、充分利用，倾尽心思与热情，一次次地为读者送上高质量推送。可能也是感觉到了制作人的良苦用心，自平台正常运行的三年时间里（截至 2017 年 4 月），关注人数从 0 增加到了 988 人，推送各类信息 100 余条，浏览量总计近三万人次，关注人员更是覆盖了我国 32 省（自治区、直辖市），就连美国和加拿大也有人员关注记录。

这一微信公众号的出现，实现了微生物学教学手段的新飞跃，将现代多媒体计算机技术应用于传统教学之中，集网络、图像、动画、音频、视频等与微生物学知识于一体。借用时下的网络流行语，亲爱的读者朋友们请快速拿起手机，扫描二维码，关注环境微生物学微信公众号，一个新奇的微生物世界就会向您打开。

56 螯铁能手——铁载体菌

地壳中含量最多的元素是什么？答案很明显，氧、硅、铝、铁、钙、钠、钾……其中，铝是含量最多的金属元素，氧是含量最多的非金属元素。但是，如果考虑分子量，那么铁实际上是含量最高的元素。地球作为人类与其他物种所赖以生存的母体，其核心部分实际为地核。地核的半径大约有 3 470 千米，主要包含铁和镍两种元素，因而又通常称作“铁核”。地核的特点可以概括为“双高”——密度高和温度高。地核的密度值一般在 10.7 克 / 米 ^{3} 水平，而它的温度则为 7 000℃左右。

铁元素作为一种生物必需元素，对形形色色生物的生长和发育而言不可或缺。通常人们由于知晓地壳的大致元素构成和“铁核”的存在，往往会想当然地认为铁元素必定是极大量存在的，大可不必为缺铁而杞人忧天。然而，事实真的是这样嘛？很可惜，答案是否定的。尽管如上所述在地壳中存在大量的铁元素，但是多数情况下（特别是有氧条件下），铁主要以三价态（Fe^{3+}）存在，固定于难溶性的氢氧化物和氧化物中（例如：氢氧化铁、氧化铁和四氧化三铁），很难为生物所利用。那么，面对这样的困局，生物特别是微生物该如何应对呢？为了能够“吃饱”铁，若干种类的微生物在漫长的进化过程中，渐渐具备了铁载体（siderophore）的合成、分泌能力。现在就让我们一探究竟，看看何为铁载体？

铁载体是一种小分子物质，大小通常在 450 ~ 1 200 道尔顿，它由微生物在限铁或缺铁条件下产生，能够同含铁的有机物或是铁矿物形成高可溶性螯合物，稳定常数通常介于 1×10^{23} ~ 1×10^{52}。铁载体大多由细菌和真菌产生，但是在一些禾本科作物中（例如，小麦和大麦），也发现了产铁载体的情况。目前，学术界已经明确了近 600 种的铁载体，它们形态各异，在结构上存在很大的区别。然而，根据它们与铁结合的功能团特点，可将其大致划分为羟基羧酸型、儿茶酚型和异羟肟酸型三类。需要说明的是，不同类别铁载体螯合铁的能力存在一定差异。羟基羧酸型铁载体螯铁能力最为弱小，而儿茶酚型铁载体螯铁能力则最为强劲。此外，微生物所产铁载体还存在一定的种属特异性。比如：*Escherichia coli*（大肠杆菌）常产 Enterobactin（肠螯铁素），而真菌则以氧肟酸盐型铁载体合成为主。已有不少微生物学家建议将铁载体结构鉴定纳入微生物菌种鉴定，将其视作微生物归属评判的重要指标。

当前，国际上主流的铁载体合成微生物筛选方法为 CAS 平板覆盖法。该方法简便易行，通过肉眼便能分辨供试微生物是否具有铁载体产生能力。如图 28 所示，具备铁载体合成能力的微生物菌落会在培养皿上产生不同颜色的“晕圈”，而“晕圈”的直径大小也往往可用来表征微生物产铁载体能力的强弱。

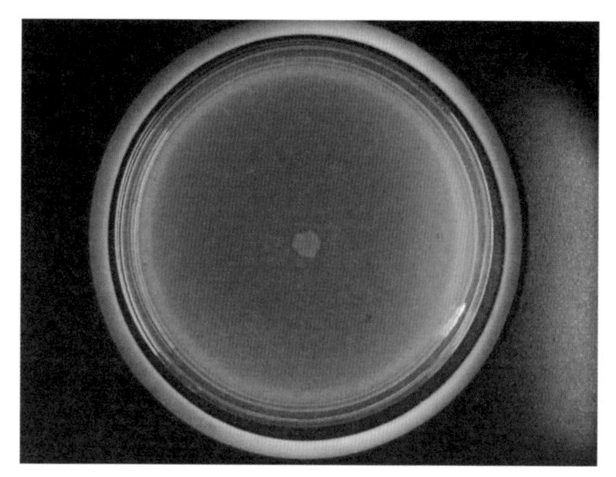

图 28　赵树民等检测巨大芽孢杆菌 LY02 的铁载体产生能力

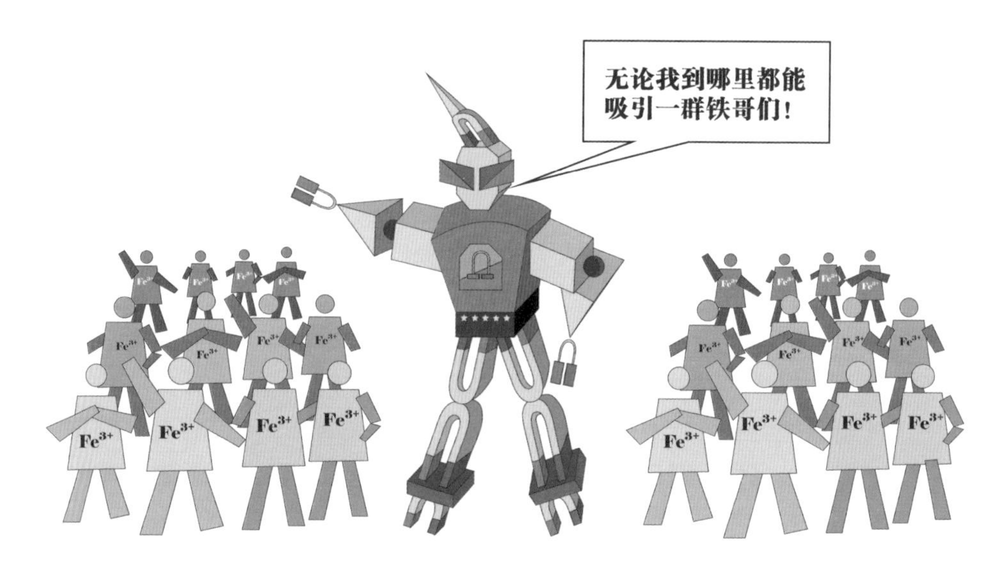

除铁离子以外，铁载体还可同锌、镉、铬、镓、铝、锰、铅和铜等金属离子发生螯合作用，提高它们的溶解性和生物可吸收性。因而，已有科学家将铁载体合成微生物作为一种强化污染修复的手段用于重金属污染土壤的生物修复之中，并取得了良好的修复实效。随着人们对生活环境保护意识的不断增强，以及生活品味的逐渐提高，相信铁载体合成微生物必将有更多的用武之地。

57 邻硝基苯甲醛的降解者——ONBA-17

作为一种十分重要的精细化工合成原料，邻硝基苯甲醛（又名 2- 硝基苯甲醛，2-Nitrobenzaldehyde）被广泛应用于合成染料、药品和其他有机物。它是邻硝基肉桂酸类、邻硝基苯乙烯类，以及抗心绞痛药物利心平（硝苯地平，Nifedipine）等化工医药产品的合成中间体，有着十分巨大的工业需求量。但是，伴随这一化学品生产加工过程的却是大量有毒污染物质的产生和释放。发达国家为避免自身环境受到破坏，将此类物质的生产线悉数转移到发展中国家，而这一“污染转移”现象在东南亚地区颇为常见。在我国，随着整体国力的快速提升，以及对环境保护的日益重视，生产性污染较先前有了很大改观，但在东南部地区仍存在“污染代工”情况。以邻硝基苯甲醛为例，据估算，其年产量不下 70 万吨，且多数厂家经简易处理甚至未经处理就将生产废水、废物排放到周边，对环境造成了难以挽回的恶劣危害，而这一个个的污染点源渐渐促成了面源污染，成了“气候”。

俗语说得好：无知者无畏。是呀，在不了解邻硝基苯甲醛的毒性等级之前，它的生产和排放又会引发多少关注呢？2007 年，虞方伯博士通过两种给药途径，对其进行了初步的急性经口毒性试验。严格来说，化学品的毒性鉴定应当分四个阶段进行。四个阶段依次是，急性毒性试验、眼刺激试验和皮肤刺激试验，亚急性毒性试验和致突变试验，亚慢性毒性试验、致畸试验、繁殖试验，以及慢性毒性试验和致癌试验。但是，在当时没有任何关于邻硝基苯甲醛毒性数据的情况下，虞博士的研究显得颇具价值。他分别通过经灌胃给药途径和经腹腔注射给药途径进行了测试，发现两种给药途径的小鼠半致死计量（LD_{50}）分别为 291.84 毫克 / 千克和 172.98 毫克 / 千克。参照当时的急性毒性分级标准，邻硝基苯甲醛应被划入中等毒性化合物。看到记录本上的实验数据，南京农业大学李顺鹏教授决定要分离获取以这种物质为“口粮”的高效微生物菌株。

通过近半年的科研攻关，他们终于从江苏某污水处理厂采集的活性污泥中分离到了一株高效降解细菌，命名为恶臭假单胞菌（拉丁学名：*Pseudomonas putida*）ONBA-17。这一微生物性状优异，能够在两天内完全“吃光”初始浓度为 100 毫克 / 毫升的邻硝基苯甲醛（图 29），并对多种芳香化合物具备降解能力；是中度嗜盐菌，最适宜的生长盐环境在 3.5% 左右；另外，还能耐受多种重金属和抗生素。

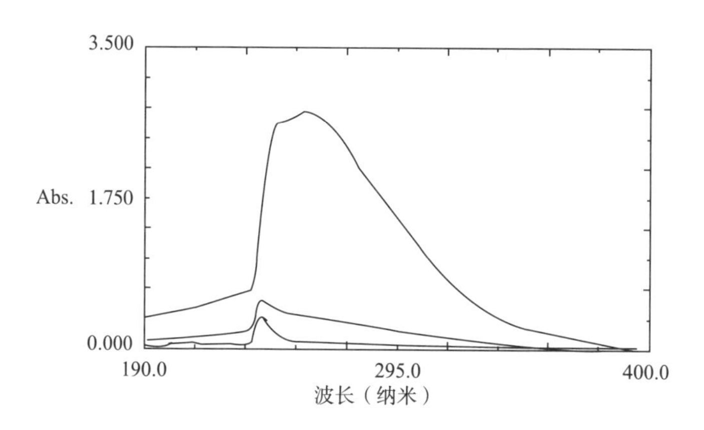

图 29　ONBA-17 高效降解邻硝基苯甲醛的情况

顶部曲线为初始扫描结果，下部依次为 36 小时和 48 小时检测结果

ONBA-17 形成的菌落不大，略微有些凸起，颜色透明，菌落边缘齐整、光滑（图 30）。通过透射电子显微镜观察，发现它呈葵花籽状，细胞的一端还有若干根“毛毛”，无特异附属物（图 31）。

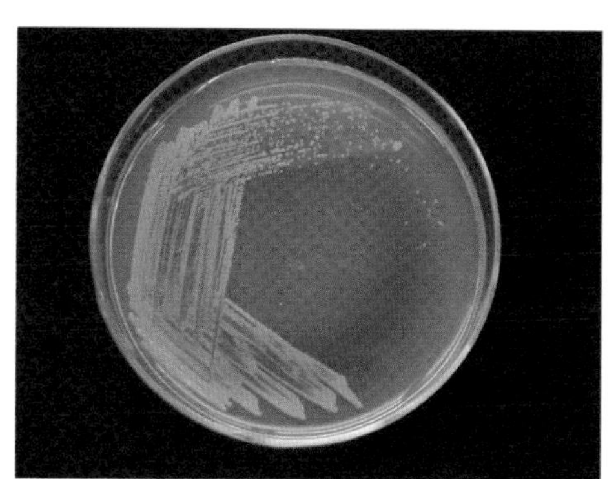

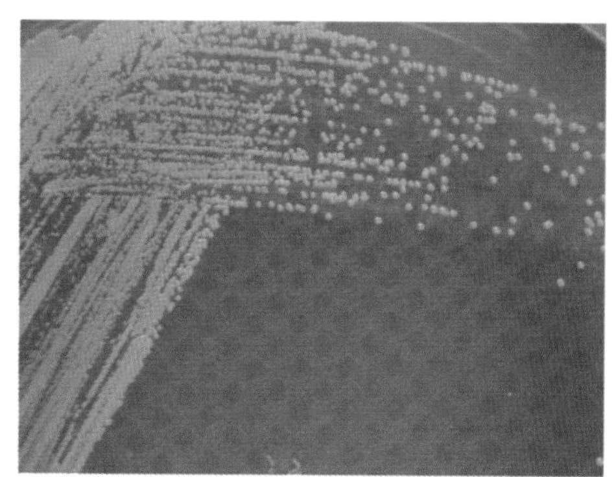

图 30　ONBA-17 的菌落形态

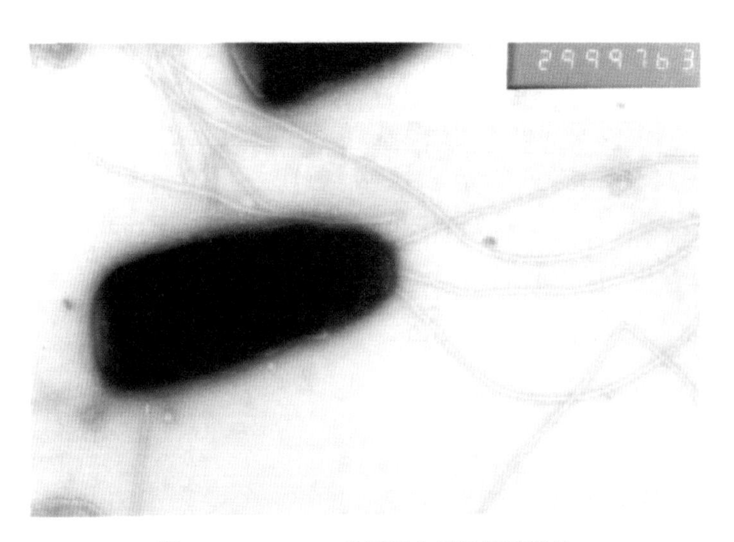

图 31　ONBA-17 的透射电子显微镜照片

获得了 ONBA-17 这一高效邻硝基苯甲醛降解菌后，他们又应用其对废水处理反应器中的活性污泥施行了生物强化。结果发现，投加 ONBA-17 确实可以提升反应器废水处理表现，还可节约系统运行成本。

实际上各国科学家已经分离了许许多多的高效降解微生物，它们的食谱之广，令人咋舌！像塑料、秸秆、炸药、农药、毒品、苯并芘（一种极毒物质）、纸张、石油等都是它们的“美味佳肴”，而也正是由于它们的存在上述这些本要长存于自然界中的物质才得以加速分解和去除。微生物别看个头小，作用真是不一般呢。

58 微生物玩转文物修复

文物作为人类生活的历史积淀，是弥足珍贵的，有着十分重要的艺术、史学、科学、军事和文化等价值。其中，石质文物又以存留难度大、致损因素多，而显得尤为贵重。石质文物种类繁多，诸如工具、建筑、塑像、雕刻等都在其列。一般而言，石质文物多于室外长期暴露，风吹雨打（又以酸雨为最）、人为触损、微生物作用，以及盐晶等因素都会对其造成损害。对其进行妥善保护，已是各国和各地区的共识，并早已付诸行动。

石质文物的修复保护，目前多以化学涂层应用法为主。然而，从以往的应用实践来看，其问题不少。以丙烯酸树脂和环氧树脂为代表的有机涂料，使用寿命有限，维护频率相对较高，成本不菲，且会因疏水性同文物石质不同致使文物表面盐离子转运不畅，进而析出盐晶，引发破坏。与有机涂料相对，以锌（铝）硬脂酸盐和磷酸盐，以及石灰水为代表的无机涂料也存在短板。它们所形成的“外壳”同文物原有材质不相容，溶解后甚至会在石缝中形成沉淀盐晶，进而引发原文物表面破裂。

微生物在带给人类一个个惊喜和福祉的同时，其开发和利用的步伐从未停滞。它们已经“无缝式”地融入了人们生活的方方面面，快瞧，就连文物修复中也有其身影。实际上，利用可沉淀碳酸盐的微生物进行石质文物修复已不是什么新鲜事儿。早在 20 世纪 70 年代，法国人皮埃尔 · 阿道夫便通过“细菌喷涂法"对受酸雨腐蚀的古建筑外墙进行了修复。经过15天的连续喷涂，修复墙面上"生长出"一层新的岩石，即便多年后勘察其依然坚固如初。新长出的岩石实为微生物促成的碳酸钙沉淀，因其硬度较天然碳酸钙大，故抗腐蚀和损坏能力呈显著优势。此后，有关利用微生物进行石质文物修复的案例屡有报道。比如，Tiano等人曾于20世纪末利用枯草芽孢杆菌加固石质文物，并获良好效果；2006年前后，Gauri等通过脱硫脱硫弧菌（拉丁学名：*Desulfovibrio desulfuricans*）对大理石表面进行除垢脱污（黑色硫酸盐污垢），收效优异；浙江工业大学李沛豪和同济大学屈文俊以巴氏生孢八叠球菌（拉丁学名：*Sporosarcina pasteurii*）为供试微生物，证明其可用于修复混凝土裂缝等。以微生物进行石质文物修复，微生物会在文物表面形成一层碳酸钙矿化膜。这层"保护膜"不仅与文物表面贴合紧密、材质相同，而且还因复合了若干有机物质而在韧度和强度方面有着更为优异的表现。

究其原因，上述修复案例多数是利用了功能微生物能够增加碳酸氢根和碳酸根浓度的能力，进而强化了沉淀反应。那么，有哪些因素会对微生物的修复作用产生影响呢？其一，温度。微生物各项生理活动的进行都是在一定温度范围内的，且有最适温度之说。选择适宜的季节或营造适宜的环境温度，都能促使这些小家伙们欢快工作。其二，酸碱度（pH）。酸碱度会对微生物产碳酸氢根和碳酸根能力产生显著影响，在实际修复中工作人员往往要通过缓冲液的配

置、调试来为微生物创造适宜酸碱环境。其三，微生物种类。可用于文物修复的微生物种类繁多，各自特点、强项不一。因而，要具体问题具体分析，选择特点和功能最为适宜的一种或几种微生物实施修复。其四，微生物密度。微生物一些生理活动的进行同其密度有着紧密关联，只有保证菌体密度符合相关“阈值”要求，才能使得修复工作有序开展。

微生物在无声无息进行修复工作的同时，能够最大限度地还原文物真容，且无需特种设备，劳动力使用相对节省，环境友好度高，无二次污染等问题，成本较传统方法低廉许多，因而获得了越来越多的关注和青睐。另外，微生物修复过程本身“动作轻柔”，实施者意外伤害概率小，而这又同人与自然、人与文化、人与社会和谐共进的基调相吻合，对其加大研究和应用力度可谓理所当然。

59 细菌也能指南北——趋磁细菌

自然界中有些生物，像是天生就备有“指南针”。比如，信鸽能够长距离传递书信而不出差错，蜜蜂纵使流连于花丛之间也能够找到回蜂巢的航线，鲨鱼能够笔直不拐弯地在海洋中遨游很长时间和距离而不迷失。究其奥秘，地磁场的存在是现实基础，而各自的“导航神通”则是成功关键。

那微生物之中有“识途者”吗？答案是肯定的，趋磁细菌便是。第二次世界大战结束后，各国科技生产力实现了长足发展，人们研究的领域和内容极大程度地得以拓展和深入。20 世纪 50 年代末，意大利人 Bellini 首先观察到一些细菌可以感应地磁场。然而，同诸多“首次发现”相类似，其发现在当时并未能引起世人关注。十多年后，美国人布雷克摩尔(Richard P. Blakemore，细菌学家) 在海洋淤泥和沼泽沉积物中意外获得了若干可以沿磁场运动的细菌。他将其置于显微镜下观察时，发现这些微生物总是朝载玻片的一头“游动”。随后，他灵机一动将磁铁放在载玻片边上，结果令人惊奇的一幕出现了——这些小东西竟朝着磁铁 N 极运动！至此，趋磁细菌正式登台亮相，而布雷克摩尔也被认作是趋磁细菌的发现者。

趋磁细菌实际上不是某一种细菌的称谓，而是一个统称，诸如杆菌、球菌、螺旋体和弧菌等中均有趋磁细菌存在。其一些共性不断被科学家们所发现，如它们通常是革兰氏阴性细菌，菌体上长有鞭毛，具运动能力，可以从周边环境获取铁元素，并在体内形成磁小体（含铁、个体微小的磁性颗粒，为蛋白质或磷脂等所包裹，无细胞毒性）等。其分布也呈多样化，但主要存在于海洋、湖泊和河道底泥，以及土壤之中。善于发散思维的读者可能会猜想，布雷克摩尔的实验应该是在美国进行的吧，趋磁细菌朝磁铁 N 极运动，也就是地磁南极(地球北极)，那么如果这个实验是在南半球某地进行，微生物该如何运动呢？要是在赤道附近进行，趋磁细菌是不动，还是向某一极动呢？目前，上述问题的答案均已揭晓。20 世纪 80 年代，就有美国科学家做过相关研究，其结果是在南半球确实有朝地磁北极（地球南极）运动的细菌，而在赤道附近两种朝向“游动”的细菌并存，是不是很有趣啊。

那么，趋磁细菌为何会有这种朝向性呢？从“用进废退”的角度看，多为厌氧性微生物的趋磁细菌，它们需要这样的运动能力以确保其在水体和淤泥等环境中进行移动（转移至缺氧或无氧环境），而其现实基础则是上面提到过的磁小体。每一细胞内会含有若干数量的磁小体（2 ~ 10 颗，内含 Fe_3O_4 和 Fe_3S_4），它们大小均一，棱柱状（六面或八面），每一磁小体均有南北极，胞内呈线性链状排布，使得细菌可沿地磁运动。此外，已有研究证实趋磁细菌的趋磁能力可遗传，若干磁小体合成基因也已实现克隆。

可不要小觑磁小体，它在高新领域中可是明星材料呢。首先，其在“做工”和材质上要完胜人工制造物。磁小体细微、均匀，是非常理想的磁性记录材料，用于制造计算机记忆元件再理想不过。利用其超顺磁性，可生产用途广泛的磁性液体。利用其高矫顽力特性，可生产高密度存储磁粉用于磁性钥匙和磁卡等的制作。其次，其生物友好性高。磁小体是生物磁铁，无细胞毒性，可用作并已用于特定药物的输送载体，在脏器组织治疗领域功用非凡。另外，磁小体还可作为转基因载体用于生物传感器等的制造。

相信，随着人们对趋磁细菌研究的不断深入，一个又一个的发现和惊喜会接踵而至，其必然会更多更好地造福人类！

60 紫色细菌，第一个被发现的外星生物？

在一辑名为“Super Germs”的美国国家地理节目中，来自澳洲的资深研究员格瑞为孩子们奉上了一堂精彩的地质生物课。她以鼻尖作为地球形成的起点（距今大约46亿年前），手指随后沿肩膀向右划去。当到达肩关节处时，她说：“这个时间点（30多亿年前）出现了最早的生命体，细菌。”之后，手指沿手臂继续向指尖划动。到达手腕时，她说：“在臂长比例的漫长年代中，地球上一直都还是只有微生物存在。但是，到了现在的这个节点，地球上出现了植物和鱼类。”手指到第一和第二指关节之间时，她微笑着向学生们介绍：“现在是恐龙登场的时间了。”最后，她又举了一个妙到毫巅的例子——“我们人类在哪里呢？就在我们的指尖，如果给你们一把指甲锉，轻轻一锉人类就没了。”

既然地球上最早的生命体是细菌，那么又是其中的哪一种呢？目前，科学家们认为在当时（30多亿年前）主要的生物应该是一种紫色细菌（purple bacteria）。这种细菌有着特殊的光谱特性，在原始海洋中和陆地上都有其分布。紫色细菌实际上主要是一类可以进行光合作用的厌氧性细菌，细胞内含有类胡萝卜素，以及菌绿素a和b等色素，会显示红、紫、黄、褐等色彩。它们体内的光合作用大多在细胞膜上发生。当反应中心开始光合作用时，细胞膜便会内陷，呈管装、囊状亦或是平叠层状。紫色细菌不生成氧气，这一点同其他含菌绿素细菌是一样的。紫色细菌形态各异，大小不一，最为典型的代表就是可利用硫代硫酸盐和硫化氢进行生长的紫色硫细菌。除了上述种类外，还有一些略显另类的特殊紫色细菌。其中，紫色无硫细菌就是它们的代表。它们在好氧阴暗的有机营养环境下也能存活，主要利用的有机物为脂肪酸和乳酸，同一般的异养细菌相类似。有趣的是，虽然上述这些细菌都有紫色细菌的统称，但是微生物学家发现它们并不是同源的，而是有各自的种属类群，亲缘关系不一。

属于自己星球的这些事情有了眉目后，人们能利用已知的这些信息做些什么呢？答案是肯定的，并早已有科学家付诸实践。他们通过分析和模拟紫色细菌在地球上的分布状况，构建起了以大数据作支撑的光谱分析模型，并用于太阳系外的生命搜寻。简单来说，如果今后人们在太空观测之中发现了某颗行星具备相近的光谱特征，那么就说明它的上面可能存在类似地球微生物的生命体。从目前的搜寻结果来看，地球仍然是唯一的生命星球。然而，宇宙是那样的浩瀚，光是银河系中的类地行星就不胜枚举，更不用说银河系也只是众多星系中的一个了。搜寻难度和挑战是明摆着的，但是第二颗地球的发现却仅仅只是或迟或早的事情。在这一前提下，生命是否存在，以及若是存在，处于哪一进化阶段便成为了引人入胜的科学问题。

令人振奋的是，地处加那利群岛的天体物理研究院的一组科学家，已通过多次的推演和系外生命搜寻，发现了一颗类地行星。这颗行星所在天体系统中也有一颗类似太阳的恒星，而它的位置恰好处于恒星周围的生命适宜存活区域，这颗行星是有可能诞生出生命的！鉴于所利用的光谱模型是基于紫色细菌分布模拟构建的，所以人们发现的第一个外星生物极有可能是紫色的微生物！

类似的“颜色生命发现论”还在科学界持续发酵着，不断有其他学科的研

究人员加入其中。例如，早在2011年就有科学家通过模拟绿色植物反射光谱，构建起了相应的分析模型，并用于搜寻生命行星。依葫芦画瓢，他们就认为第一个被发现的外星生物应该是能够进行光合作用的绿色植物。

科学的进步总是始于一个个的假说和设想，它们承载着人类的智慧和伟大，更是文明不断延伸着的印迹和标识。放飞思想，收获到的将是整个蓝天，关于发现外星生命，让我们拭目以待吧。

61 第二大脑——肠道微生物

经过九年义务制教育学习的朋友，都对人体肠道有一定了解。它不仅是我们体内最大的消化器官，还是最为重要的排毒系统。肠道系统中遍布微生物，其数量十分惊人，以万亿为量度单位。其数值目前估计在十万亿以上，百万亿以下！种类更是多如繁星，最为保守地估算也在一千种以上，多的甚至可达七千种左右。然而，受人类认知，以及分离和培养手段所限，目前可人工培养的肠道微生物仅有一千余种，占全部比例较小。不要小觑这些微小个体，它们可与人体健康关联紧密。人们都知道肠道状态的好坏会在很大程度上左右人体状态，但殊不知真正的"操控者"却是肠道微生物。诸如消化、免疫和新陈代谢等的生理（功能）调控均离不开微生物作用，甚至其还可通过一定途径与大脑作用，进而对人们的食欲、心情，以及节律产生影响。已有许多科学家将肠道微生物比作"第二大脑"，相关领域的研究也正如火如荼地进行着。

然而，需要强调的是，说它们是"第二大脑"，并不意味着我们要听命于这些小不点。"第二大脑"的说法，仅仅是从它们对人体的重要性方面打的一个比喻。接下来，就让我们对其功用有个具体了解。

肠道微生物在一定程度上可以影响人们的形体，以 Gerald I. Shulman（任职美国耶鲁大学医学院）为代表的科学家们，已经掌握证据指示肠道微生物与肥胖相关。他和同事们的研究显示，食用高热量食物后，这些"原料"为肠道微生物利用后会生成大量的醋酸盐。醋酸盐通过血液循环进入人脑后，会激活副交感神经系统，胃和胰岛在收获饥饿激素和胰岛素分泌指令后便会"照章办事"，进而使人产生饥饿感，于是便开始"填肚皮"。疏于律己者情况会更糟，最终成为肥胖人士。显然，这也从另一个角度解释了为何人们明知高热量食物对身体无益，却又难以戒除——越吃越饿，越饿越吃。实际上，不光是肥胖病，诸如帕金森（常见神经系统变性疾病）和心脏病等疾病也同肠道微生物相关。微生物学教授 Sarkis K. Mazmanian 及其研究小组发现若干微生物可合成诱发帕金森症的化学物质，患者同健康人群相比，二者在肠道微生物构成方面存在明显差别。上述微生物分属于多个分类单元，有的亲缘关系还相隔甚远。然而，起决定性作用的是哪一种或哪几种微生物还未探明，有待进一步研究。关于心脏病，美国克利夫兰医学研究中心科研人员证实调节肠道微生物会在一定程度上有助于相关疾病医治，而这也为该病的治疗开辟了新的路径。此外，还有科研人员发现肠道中的个别细菌类群与血清素产生相关，而血清素与若干疾病的发生存在关联。

您或您的身边有人焦虑或是抑郁吗？哈哈，这可能也是肠道微生物在作祟。微生物学家 Philip Strandwitz 任职于美国东北大学，其所在研究小组从人体中获得了一株编号为 KLE1738 的肠道细菌。KLE1738 仅能以 γ- 氨基丁酸为食，而该物质是抑制性神经递质，存在于中枢神经系统中，具缓解焦虑、抑郁之能。不难想象，如果肠道中类似微生物大肆繁殖，γ- 氨基丁酸浓度势必下降，人们产生焦虑和抑郁也就在所难免了。

肠道微生物对幼儿也存在影响，母亲孕期的不良饮食习惯会直接反映在肠道微生物构成和整体功能表现上。比如，孕期饮食倾向高脂肪、高热量类，乳酸杆菌的数量就会下降。可不要小瞧乳酸杆菌，它们的缺失可令孩子产生社交缺陷等障碍。所幸，人为调节、弥补乳酸杆菌可以克服上述障碍。另外，儿童哮喘病患者可能也是肠道微生物菌群失调的受害者。研究显示，儿童哮喘病患者在初生的一百天内有暂歇性肠道菌群失调情况发生，这一发现源自对 319 个样本的分析。其中，有四个属（微生物分类单元之一，概念范畴上大于“种”，小于“科”）的细菌缺失明显，而这些微生物极有可能同儿童过敏性哮喘相关。

最后需要说明的是，肠道微生物作为生物的一种，它们也有着自己的生活节奏（即生物钟）。它们可在肠黏膜上做节律性运动，向右（或左）移动些许距离（微米级），再回到原位，而它们的律动有可能会影响其宿主的生物钟。怎么样，我们高等动物竟可能要受制于这些小不点，想不到吧？

62 明日之花，微生物燃料电池

去年，笔者参加了本科毕业十周年聚会，当天夜晚，同已是老总级别的深圳金同学“卧谈”，发现他属于亚健康人群，发型都成“地中海”式了，略有慨叹。他原先在国内一家知名车企从事销售，现调整方向搞起了电池研发，难道电池研发有如此“磨难”？

实际上，他所任职的这家公司就是从电池研发起家的，他们的大 Boss 最初的梦想就是要制造电动汽车。而且，在国内新能源产业政策的鼓励和推动之下，公司已经攫取到了第一桶金，并在我国南部的电动汽车市场上占据了较大的份额。然而，其在镍氢电池和镍镉电池研究方面所获突破性进展仍显有限，并且由于镍镉易致污染，以及各自的记忆效应（因使用而令电池内容物发生结晶），已日渐式微，几乎不具备盈利能力。后来发展起来的磷酸铁锂电池，也因知识产权受限，未能取得实质性突破。这些都令该公司的电池研发进退维谷，相关人员承受了巨大的精神压力。与此同时，除了遭遇自身技术瓶颈之外，其研发还受到了“生物燃料电池”这一概念的强烈冲击。

众所周知，能源是人类赖以生存和发展的重要资源。然而，随着世界经济的飞速发展，能源供需矛盾日益突出。2016 年 3 月，在由国家能源局指导、中国电力企业联合会主办的中国清洁能源“十二五”总结与“十三五”展望专题活动暨第八届中国国际清洁能源博览会上，在总结和回顾“十二五”期间我国发展清洁能源所获斐然成绩的同时，明确了“十三五”期间为应对全球气候变化，保持能源消费的适度增长，大力推进能源结构调整，加快转变能源发展方式等工作目标。其中，发展和推广新型清洁能源被视作推动国民经济快速增长的关键因子，而加快、加大微生物燃料电池的开发和商业化利用等也被提上了议事日程。

那么，何谓生物燃料电池呢？生物燃料电池是一种利用生物催化剂直接将化学能转化为电能的燃料电池，其具有反应条件温和、来料广泛、可再生，以及生物相容性好等优点。在多种清洁能源之中，生物燃料电池应用前景被广为看好，是当前的热点研究技术之一。依催化方式的差异，可将其分作微生物燃料电池（microbial fuel cell）和酶生物燃料电池。微生物燃料电池的工作原理为：在阳极室厌氧条件下，有机物被微生物分解，释放出电子和质子，电子通过传递介质在生物组分与阳极间传递，并通过外电路传递到阴极形成电流，而质子则通过质子交换膜传递至阴极，氧化剂（多为氧气）在阴极获得电子后被还原。诸如假单胞菌和希瓦氏菌（拉丁学名：*Shewanella*）等都是已知的具备产电能力的微生物，而在实际应用中也多以不同种属的混合菌群为主，应用单一纯菌的情况较少。

自20世纪英国植物学家波特（Michael Cresse Potter）发现、报道酵母菌和大肠杆菌在培养过程中可产微电流这一现象开始（世界上第一个微生物燃料电池也出自其手），生物燃料电池研究之门便被人们叩开。到了20世纪中叶，随着航天领域研究的快速发展，科研人员对微生物燃料电池的研究兴致更为高涨。之所以会出现这种情况，是因为相关技术很有希望被用于处理太空飞行时所产生的生活垃圾，并获得一定的电能。我国相关研究起步较晚，始于20世纪90年代初期。但在国家给予优先发展地位和充分保障的大力扶持下，相关成果日渐涌现，实现了长足进步。微生物燃料电池作为微生物技术与电池技术相融合的产物，开发前景良好。目前，已有不少性状优异的微生物菌株被人们所发现和利用。另外，微生物燃料电池除可作新型替代性能源之外，还被发现

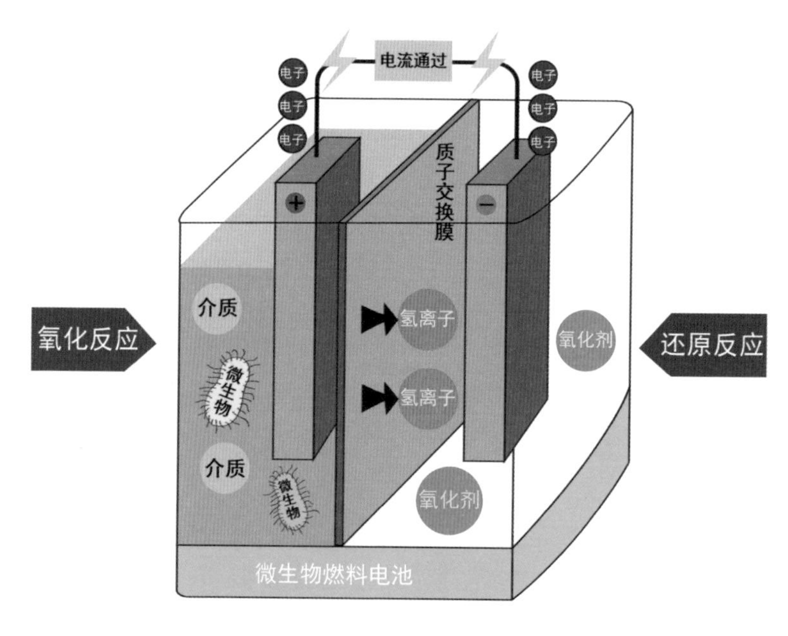

可用作生物传感器和水处理之用等。可以说，其研发对于缓解能源危机和环境污染等均具有重要意义。

目前，在微生物燃料电池研发过程中暴露出的问题主要有以下几点：①微生物与电极间的电子传递效率低下，产电性能较弱；②菌种驯化（通过人工措施使微生物逐步适应，其本质为微生物的定向选育）时间较长；③高效复合菌群的培育与应用；④自身结构的不完善与材料的待改进；⑤其他。受上述问题所累，微生物燃料电池技术目前多还停滞于实验室小试阶段。然而，作为颇具潜力的新能源技术之一，其前景是光明的。虽未盛开于当下，想必离其芬芳吐艳之时已是不远，耐心等待便是。

63 是谁成就了白蚁的好胃口

笔者小时候春游还能在老师的组织下登一登兰州市内一座有着近500年历史的文峰塔，但在女儿读小学时，老师却告知孩子们：由于白蚁为害，文峰塔全木结构的楼梯已然濒危，严禁攀登。看着笔者儿时在文峰塔内的留影，女儿遗憾之情溢于言表。白蚁怎么这么厉害？！一座屹立了数百年的古塔，怎么就被咬坏了呢？

白蚁隶属于昆虫纲（Insecta）的等翅目（Isoptera），是地球上最为古老的社会性昆虫。目前，全世界已知的白蚁种类多达三千余种，多分布在赤道的两侧。在我国，已知的白蚁品种约为476种，分布极广，但大多数种类的白蚁主要分布在广东、广西、海南、云南、福建和台湾等地。古籍中，白蚁起初是与蚂蚁相混同的，均被称之为蚁、�、蚍蜉、螘或蟞等。早在2300多年前，《吕氏春秋》中便有“巨防容蝼而漂邑杀人”的记载，而《韩非子·喻老篇》中的“千丈之堤，以蝼蚁之穴溃”更是耳熟能详。白蚁是木质纤维素的高效分解者，食木性是其一大特征。白蚁的破坏力十分惊人，会给人类带来巨大的经济损失与危害。相关资料显示，美国1996年因白蚁等蛀木害虫为害，造成了50亿美元之巨的直接经济损失；在日本，白蚁每年造成的损失与其火灾损失相当；我国每年因白蚁造成的损失也高达数十亿元。看着这一个个触目惊心的数字，人们不禁要问：白蚁为何这么彪悍，是谁成就了这位“大胃王”？

白蚁的消化道是由前肠、中肠和后肠三部分构成的，呈螺旋状。由于消化道各部分的微环境不尽相同，故每一部分都有不同的原生动物、细菌、真菌和螺旋体等。这些微小生物的存在，提供了多种代谢方式，代谢产物也可谓五花八门，它们共同服务于白蚁这位大Boss。早在1877年，美国人约瑟夫·莱迪（Joseph Leidy）首先报道了散白蚁（拉丁学名：*Reticulitermes flavipes*）肠道内存有鞭毛虫。随后，其他种类的鞭毛虫相继从一些白蚁的肠道中被分离出来。这些鞭毛虫中的绝大多数具有吞噬木质颗粒的能力，因为它们能够产生大量的纤维素酶。它们同白蚁自身的纤维素酶系统相互配合，消解食物中的木质纤维类物质，共享多种养分。此外，鞭毛虫的体内和体表还分布有多种共生菌。就这样，鞭毛虫、共生菌和白蚁构成了共生（不同生物形成的紧密互利关系）体系，各取所需，狼狈为奸。白蚁肠道内的细菌种类和数量均十分惊人，已有研究者从中分离获得多种细菌，并发现不同种类的白蚁各自优势菌群不同。白蚁肠道内细菌以异养型为主，绝大多数兼性厌氧，但也有个别呈严格好氧型。这些肠道细菌的存在为白蚁分解纤维素，以及利用诸如乙酸这样的物质提供了便利。此外，也有报道称产甲烷菌、同型产乙酸菌，以及若干固氮细菌也可从白蚁体内分离获得。

实际上，除了原生动物和细菌，白蚁肠道内还存有一定量的真菌。关于这些真菌同白蚁的作用关系，目前存在四种推测：①降解木质素，促进纤维素分解；②提供纤维素酶和木聚糖酶，与白蚁自身分泌的酶协同作用；③为白蚁提供营养，特别是氮素；④水和热量的部分来源。目前，从白蚁肠道中分离出的真菌以褐腐菌为主。尽管，其与宿主（也称寄主）白蚁的相互作用尚未完全阐明，但二者属共生关系是毋庸置疑的。另外，螺旋体也是白蚁肠道微生物的重要成员。它们主要黏附于原生动物，随其一起运动。得益于螺旋体的存在，白蚁的产乙酸过程较产甲烷过程更显优势，二者亦为共生关系。有研究显示，若将白蚁肠道内的螺旋体杀灭，其寿命会明显缩短，并伴有外来细菌入侵。

由上可知，白蚁的“肚皮”为诸多微小生物大聚会提供了适宜场所。而这些“房客”们也不断改造着微环境，为宿主白蚁提供多种物质和能量。它们一荣共荣，一损俱损。咦，人们是不是可以通过影响或破坏这些肠道内的微小生物，进而达到控制，甚至消灭白蚁的目的呢？

64 爱美人士的偏爱——肉毒毒素

这个世界最为致命的毒物是什么？曾几何时，不知多少人为了这个问题争论不休，各执己见。

有人信心满满地说，是毒鼠强（灭鼠药的一种）。它能够强力阻断生物的新陈代谢，自20世纪中叶研发至今，杀生无数，药力强大到中毒生物的尸体中毒素仍可残留一年乃至更久，死亡阴影久久不散，二次中毒事件频频发生。

有人不假思索脱口而出，当然是氰化物了，没看侦探和谍战小说中杀手和间谍的王牌致命手段就是氰化物么。如果从最小剂量考量，米粒大小的氰化钾便可置人于死地。

有人摆摆手说道，听说过拼死吃河豚吗？要说最致命的，河豚毒素称第二，就没有敢称第一的了。河豚毒素化学性质非常稳定，即便是烹熟的河豚，其毒素依然存留。食客吃了，不出6个小时便会瘫痪甚至死亡。在国际市场上，河豚毒素的纯品每克售价可是要超过20万美金的呦！

黑衣蒙面的恐怖分子嘴角上翘，风轻云淡地吐出一个单词，sarin（沙林）。沙林毒气杀伤力至少胜出氰化物百倍，神经性毒剂，生命的无情收割者。早在第二次世界大战时，沙林就以神经性毒剂的形式成为军用秘密武器，并被冠以“新星六号”称谓。1995年，震惊世界的“东京沙林毒气事件”更是令世人为之侧目、颤栗。2013年，叙利亚战争沙林毒气再次参与实战，并造成了较大的人员伤亡，将其恶名推向顶点。

……

肉毒毒素一经出现，所有争论戛然而止。作为毒性远胜沙林的毒素，肉毒杆菌产生的这一物质，成为了世界毒物之最。据权威测算，1毫克的肉毒毒素可轻松杀死2亿只小鼠，对人的致死剂量仅为0.1微克。那么，如此剧毒的物质，又为何成为爱美人士的钟情之选呢？

在揭开答案之前，首先让我们进一步了解一下这种物质。肉毒毒素，又称肉毒杆菌毒素或肉毒杆菌素，英文名为 botulinum toxin。肉毒毒素由生长在缺氧环境下的肉毒杆菌产生，是大小为 150 000 道尔顿的多肽，它由 100 000 道尔顿的重链和 50 000 道尔顿的轻链通过二硫键连接，特别抗酸蚀。作为一种神经毒素，肉毒毒素能够透过机体黏膜，经血液和淋巴进行扩散，并对神经末梢、颅脑神经核和神经肌肉接头产生作用，抑制乙酰胆碱释放，影响神经冲动传递，致使肌肉产生松弛性麻痹。此外，与典型外毒素不同，肉毒毒素不完全由活细胞产生，而是先在细胞内产生无毒的前体物质，待细胞自溶、释放后，经特定蛋白酶激活后才具备完全毒性。

肉毒毒素之所以受到爱美人士青睐，是由于它是一种风靡全球的无创美容魔法要素，具备非常强大的局部美塑（如瘦脸）和除皱功效。越来越多的爱美人士将其作为除皱首选，甚至就连对整形和美塑忌讳莫深的娱乐圈，也有不少大咖和明星坦承自己是肉毒毒素的使用者和受益者。还记得热播美剧《欲望都市》里的那句经典台词吗？没错，就是“肉毒毒素远比婚姻值得信赖！”。对许多美颜达人而言，注射肉毒毒素就像日常购物那么平常，而肉毒毒素也成为了他们生活和生命中必不可少的一部分。毕竟，爱美之心人皆有之，渴望消除“岁月痕迹”，期盼青春永驻是人之常情。

“初生期”的肉毒毒素没有集万千宠爱于一身，与之相反，初期的它仅作为罕见病药物使用。不为人知，市场空间狭小，盈利极为有限，依靠美国政府扶持政策才得以延续。那时，肉毒毒素主要用于治疗因神经异常而引发的面部、眼部，以及颈部肌肉痉挛。随着时间的延续，人们逐渐发现，肉毒毒素除了能够减缓病痛，还能够“抚平”注射部位的皱纹。这一意料之外的发现，彻底令肉毒毒素的命运发生了改变。于是就有了 1992 年人们第一次利用肉毒毒素注射进行面部除皱的临床试验，以及 1994 年 Smyth 等报道的革命性新方法——采用 Botox 治疗双侧咬肌肥大等后续“传奇”。

肉毒毒素注射除皱疗效非常显著，通常注射后 3 ~ 14 天（人均 10 天），皱纹便会舒展开来乃至消失，皮肤再次平坦、紧致。而且，注射一次，效果便可维持 3 ~ 6 个月。同以往化学剥皮和胶原注射等美容手段相比，肉毒毒素注射除皱效果优异、近乎神奇，兼具损害小、无创口、见效快和不影响日常生活工作等优点，堪称当今国际最为先进的除皱妙术。当然，同其他手术一样，它也有一定的禁忌。例如：妊娠和哺乳期妇女禁用，神经肌肉系统疾病患者禁用，非常瘦小及患有严重心、肝、肺、肾疾病等病人禁用等。

古语有云：“是药三分毒。”肉毒毒素毕竟是一种剧毒物质，利用肉毒毒素进行美容和除皱也有副作用，会引发一定的并发症。例如：局部疼痛，注射不当引发的睑下垂、复视、无法完全闭眼、不对称、出血和血肿，反复或大剂量注射引发的免疫复合疾病，以及过敏性休克等。需要特别指出的是，“不食人间烟火”也是注射肉毒毒素的一种“并发症”。已有不少演员为美付出了代价——表情不自然，有戴假面人皮的感觉。也有不少国内外知名导演在演员筛选时，不将打肉毒毒素的演员作为首选。他们给出的理由很简单——纵然精致、美艳，但观众在这张找不到“岁月痕迹”的脸面上，看不到演员的喜怒哀乐，情感的交流会因毒素的“麻痹”而停滞。

最后，再来了解下生产国。从世界范围来看，目前能够生产美容用途肉毒毒素的国家仅有中国、美国和英国三家。而在这些国家，生产商对其产品命名存在一定的差异。在我国，人们称为 btxa（生物除皱素）；在美国，它叫 botox（保妥适）；在英国，则被叫作 dysport（丽舒妥）。从产品质量上来看，上述三个国家的肉毒毒素产品无显著差异。然而，为减少安全隐患，选用我国食品药品监督管理局批复的产品方为明智之举。

放线菌仍是抗生素筛选的宝库吗？

抗生素最早被称为抗菌素，可抑制或杀灭细菌、霉菌、立克次氏体、螺旋体、支原体，以及衣原体等多种微生物。现今，抗生素的功能除了杀（或抑）菌和抗肿瘤外，还涉及消除炎症、镇痛和抑制酶活性等作用。自 1943 年第一种临床用抗生素（青霉素）投入实践以来，人们已经发现了几千种的抗生素，现在用于临床的抗生素仍有几百种，它们一同挽救了不计其数的生命。抗生素的来源非常广泛，微生物和高等动植物在生命过程中都会产生次生代谢物，这其中就不乏具备干扰其他细胞生长繁殖之能者。放线菌作为已知的产抗生素种类最多的一类微生物，备受研发人员关注和青睐。要知道，当前临床和农牧业上使用的抗生素中有超过 2/3 者是它们产生的。甚至还有科学家凭借在放线菌中发现并合成了可用于治疗结核病的链霉素，而收获诺贝尔大奖的（1952 年，美国科学家瓦克斯曼），真可谓沾了放线菌的光啊。

一直以来，土壤被视作微生物的大本营，更是筛选天然抗生素的理想场所。第二次世界大战期间，澳大利亚学者瓦尔特·弗洛里就曾特地委托盟军飞行员在外出执行任务时要从异国采集泥土并带回。他因此从飞行员带回的土壤样品中分离到了青霉素高产菌株，对其产业化进程起到了巨大的推动作用。迄今，人们从陆生微生物中已经鉴别出了数万种具有活性的天然物质（约有 40%来自放线菌）。因此，从土壤放线菌的代谢产物中筛选抗生素一直是科研人员的传统和偏好。而随着基因组测序技术的出现和快速发展，抗菌靶标识别越来越受到重视，成为各国均意图抢占的“制高点”，抗生素发现频率也因此有望得以提升，更有众多商业公司斥巨资着手相关研发。然而，随着时间的推移，高通量测序筛选被证明并非是发现新抗生素的妙策，研发人员被迫重新回到天然放线菌筛选和诱变育种的老路上来。

目前，抗生素开发形势不容乐观。一方面，新品种发现速率日益放缓（毕竟，陆生微生物资源开发已有一定的年头），投入产出比不断下降。近年来，筛选出的活性物质中，有 90% 以上被证明是研究、鉴别过的。另一方面，随着病原微生物适应（或耐受）能力的不断增强，抗（耐）药性问题日益突出。鉴于此，研发者们绞尽脑汁，各种策略纷纷亮相。其中，又以扩大筛选范围最具性价比。以放线菌为例，研究人员将其筛选范围扩大至各类极端环境，诸如沙漠、海洋和盐碱地均在其列，并取得了不错的成效。比如，中国药科大学生命科学与技术学院的董艳萍等人曾在 2012 年对塔克拉玛干沙漠南麓的 17 份土壤样品进行了微生物分离，从中获取放线菌 368 株。其中，以链霉菌属和拟诺卡菌属为优势菌属，具备抗菌活性的放线菌共计 62 株。

海洋作为公认的聚宝盆，承载着人们许多的梦想，亦承担了很多的任务。当前，越来越多的药物筛选工作转向海洋，问海洋要资源已呈常态化。海洋环境具有低营养、低温、高压，以及高盐等特点，在这种特殊环境下生活的微生物有着与陆生微生物截然不同的代谢途径，新代谢产物也是丰富多样的。1991 年，Fenical 等人在世界上首次分离获取了需盐生长的放线菌，将其列入盐孢菌属（*Salinispora*），而其分离基质便是海泥。随着研究的深入，人们发现该属放线菌具备特定生物活性，能够合成一系列结构新颖且具抗癌活性的化合物。迄今，已分离该属放线菌几千株，常见种有 *Salinispora tropica*、*S. arenicola* 和 *S. pacifica*。

各种复杂极端环境是人们寻找新型抗生素的希望所在，海洋微生物将取代陆生微生物成为新型生物活性物质与抗生素的主要来源，而放线菌承担的重任未曾卸下，过去如此，现在如此，将来依然如此。

66 种痘防花

2014 年 7 月的一天，一位科学家在位于美国马里兰州的国立卫生研究院的一个冷藏室中意外地发现了 6 只被尘封了几十年的瓶子，而这些瓶子上均标有“天花”二字。没错，就是天花，一种被史学家称为“人类史上最大的屠戮恶魔”的恐怖病害。科学家的这一发现，使得已退出历史舞台的天花又再次回归人们的视线。

天花从初次登台到最终退场，前后历时三千多年。据保守估算，其造成的死亡人数不会低于三亿！人类最早有关天花的记录可追溯至古埃及，一具辞世于公元前 1156 年的法老尸身上便有疑似天花皮疹的迹象。在我国明末清初时期，满清入关时，受气候等因素影响，天花感染者甚多。相传，清朝顺治皇帝便是因此而英年早逝的。其继任者康熙皇帝之所以能在年仅八岁时便在残酷的皇位竞争中脱颖而出，也疑似与其染过天花并痊愈有关。毕竟，天花痊愈者已获得终身免疫，不会再因此而重演英年早逝的一幕，而这对皇权的巩固是至关重要的。

天花，这个令人闻风丧胆的恶魔其实是由天花病毒(variola virus)所引发的。起初，天花病毒可能仅是一种对人类没有什么威胁的家畜痘病毒，但经过长期的进化，其致病性发生了改变，成为能置人于死地的可怕杀手。一方面，这可能与人们驯养动物并与之共同生活相关。但是，也有可能是人类与野生动物接触所致，就像现在中非地区的少数人会感染猴痘（病毒性人畜共患病）一样。

天花的可怕之处在于天花病毒惊人的繁殖能力和超强的传染性。即便是在医学技术发达的今天，预防接种仍被视作最有效的天花防治策略。在古代，人们一旦被其感染，便唯有听天由命。天花病毒可在人体内潜伏 7 ~ 17 天，天花患者在感染的头一周，病毒多在其体内隐秘活动，身体不会出现明显的病症。第九天前后，病患开始出现头疼、高烧和疲乏等症状。潜伏期结束后，患者开始退烧，短时间内会感到病情好转。与此同时，脸部、手臂和腿部会相继出现红疹。随后，病灶开始化脓、结痂，第三至四周成为疥癣，然后慢慢剥落。天花病毒可经空气传播，且传染快速异常。天花患者在其染病的头一周中，唾液中病毒含量最高，传染力最强，直到结疤（剥离）天花病毒仍具传染致病能力。美国曾有一个案例，某地暴发的天花在数十天内便让上百万人染病，将之比作收割生命的死神也不为过。

天花病毒可分作三类：小天花病毒、中天花病毒，以及大天花病毒。这三类病毒的传染方式与感染症状完全相同，差异主要在死亡率上。小天花病毒和中天花病毒的死亡率相对较低，分别是1%和12%，而最为常见的大天花病毒（正痘病毒属病毒）则最为恐怖，可导致25%的患者死亡！

在漫漫历史长河之中，天花夺走了无数人的性命。然而，顽强的人们并没有因此退缩，反倒迎难而上。预防天花最早的方法源自我国，后于18世纪初期传入欧洲。据古代医书记载，“药王”孙思邈（541—682年）最早从天花患者口疮中取得脓液，并将之敷于健康者皮肤上来预防天花。到了明代，开始盛行接种人痘预防天花。此外，在人类“种痘防花”的过程中，英国医生爱德华·詹纳之名也一定要提。1796年，他成功为一名八岁的男孩注射了牛痘，

使其获得了免疫保护，实现了天花预防接种的重大突破。时至今日，天花疫苗仍是由牛痘病毒制成，它的抗原绝大部分与天花病毒相同，但危害性小，不会引发人体病患。

1979 年，由于牛痘的广泛接种，迫害了人类三千年之久的天花终于被消灭了。为此，联合国世界卫生组织还特地举行了庆祝典礼。同年，全世界的实验室协定销毁各自的天花病毒样本，仅美国亚特兰大疾病控制和预防中心，以及俄罗斯新西伯利亚国家病毒学与生物技术研究中心留存少量样本供医学研究之用（各国政府可保存不含天花病毒的疫苗）。此外，现在除了少数涉及天花研究的科研和医护人员，以及特殊群体外，接种牛痘者亦难以寻觅了。世界上最后一名自然感染天花的患者出现在 1977 年非洲的索马里，而最后一位天花病患则是英国医学摄影师珍妮特·帕克（Janet Parker）。她于 1978 年在某一实验室内感染天花，为此实验室负责人亨利·贝德森（Henry Bedson）教授自杀而亡。天花是一去不复返了，这既是人类智慧的体现，更是对不懈努力的奖赏，人类的未来注定与美好和光明相伴！

67 细菌冶金

细菌冶金，没看错吧？！要知道，无论是湿法冶金、火法冶金，还是电冶金，所涉及的冶炼条件都不是细菌这种“小身板”微小生物所能承受得起的。

哈哈，没有错，就是细菌冶金。作为一种湿法冶金方法，细菌冶金又名微生物浸矿，它通过利用某些特定微生物的功能作用，将矿石中的金属物质转移至浸出液中，之后再通过萃取、置换、离子交换或电解等方法进一步浓缩和提取。该方法具有操作相对简便、设备简单、化学溶剂使用相对较少（或不用），以及成本低廉等优势，主要应用于废矿、尾矿、贫矿和炉渣等难处理对象，可综合回收多种稀有金属和有色金属。常见可用于细菌冶金的微生物菌种主要包括：蜡状芽孢杆菌（富集金）、氧化亚铁硫杆菌（铜和铀）、土壤杆菌、脱氮硫杆菌，以及排硫硫杆菌等。值得自豪的是，我国作为全世界最早进行细菌冶金的国度，早在北宋年间（公元 960—1127 年）便有多地运用该法进行炼铜的先例，当时人们将其称作“胆水浸铜法”（或“胆铜法”）。现代细菌冶金工业则始于 20 世纪 70 年代，当时（1974 年）美国的两位科学家从采集到的酸性矿水中分离出了一株氧化亚铁硫杆菌（拉丁学名：*Thiobacillus ferrooxidans*）。之后，该国的布力诺等人又从美国犹他州的一处峡谷矿水中同时分离得到氧化硫硫杆菌（拉丁学名：*T. thiooxidans*）和氧化亚铁硫杆菌。他们随后以这两种微生物浸泡硫化铜矿石，结果证实有金属物质从矿石中析出。需要说明的是，现在除了细菌，一些真菌也被人们发现具备冶金的能力，或许以后统称为微生物冶金更为恰当。

关于细菌冶金的原理，不同研究者观点不一。有人认为，细菌是在自身生命活动中产生了一些有机物，而这些物质能够同矿物中的金属组分相结合，进而将其溶解、释放。也有研究者观察发现，一些细菌会产生诸如硫酸铁和硫酸这样的强氧化性和强酸性物质，进而直接氧化、溶解金属矿物，析出金属离子。此外，还有研究者通过电子显微镜观察，发现一些细菌作用后的矿物表面会出现“坑洼”，并残留若干蛋白酶，而这些证据表明微生物可能会直接作用、溶解金属矿物。故在尚未探明其中奥秘之前，可先将细菌冶金原理概括为：通过功能细菌的代谢作用，使矿物中的金属发生溶解、析出。

常见的细菌冶金方法主要有三种，分别是原位浸提法、堆浸法，以及池浸法。原位浸提法适用于露天开采后的废矿坑、尾矿，以及难以开采的矿石等。通过在矿石上浇洒细菌溶浸液，抑或是打钻至矿层，将细菌溶浸液通过钻孔注入，再经一定时间作用后，提取溶浸液做后续金属回收处理。堆浸法是将矿石集中堆积，底部和周围以沥青或混凝土等防渗材料进行铺垫、围拢，随后自上而下浇淋细菌溶浸液，经一段时间作用后收集浸提液，再选用适当方法进行金属回收。池浸法则是在耐酸池中加入适量矿石粉，然后添加细菌浸提液，辅以机械搅拌，使金属离子加速溶解和析出。以上三种方法无绝对优劣之分，需根据实际情况，酌情选用。

最后，需要指出的是，细菌冶金尽管有能耗低、投资小、运行成本相对低廉，以及不产生二氧化硫等污染物等优点，但作为一项尚处于发展和完善之中的冶金工艺，它仍有一定的局限性。比如，所用细菌环境适应性差，对多种理化因子敏感，以及反应速度相对缓慢。所幸，各国科研人员已在菌株（单细胞繁殖而成的纯种群体及其后代）筛选和遗传工程等方面做文章，旨在通过上述途径获得性状更为优异、冶金更为高效的优质微生物种质资源（又称遗传资源）。人们应当予以充分信任、支持和鼓励，细菌冶金前途无量！

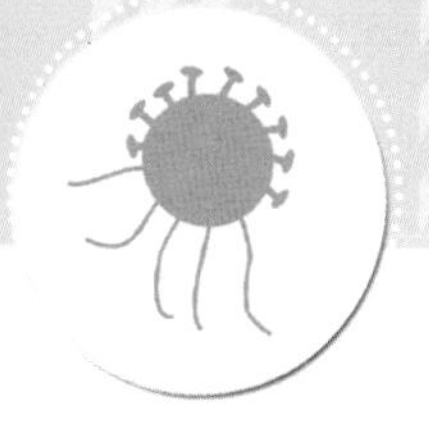

参考文献

阿瑟·科恩伯格，2010. 微生物的故事［M］. 渔船，译. 南昌：江西科学技术出版社.

保罗·德·克鲁伊夫，2009. 微生物猎人传［M］. 2版. 饶晓红，译. 长春：北方妇女儿童出版社.

陈代杰，钱秀萍，2015. 细菌简史：与人类的永恒博弈［M］. 北京：化学工业出版社.

陈文新，汪恩涛，2011. 中国根瘤菌［M］. 北京：科学出版社.

高士其，2015. 细菌的衣食住行［M］. 武汉：长江少年儿童出版社.

高士其，2016. 细菌世界历险记［M］. 北京：人民邮电出版社.

何国庆，贾英民，丁立孝，2009. 食品微生物学［M］. 2版. 北京：中国农业大学出版社.

李玉，刘淑艳，2015. 菌物学［M］. 北京：科学出版社.

马丁·布莱泽，2016. 消失的微生物：滥用抗生素引发的健康危机［M］. 傅贺，译. 长沙：湖南科学技术出版社.

任南琪，马放，杨基先，2007. 污染控制微生物学［M］.4版. 哈尔滨：哈尔滨工业大学出版社.

沈萍，陈向东，2016. 微生物学［M］.8版. 北京：高等教育出版社.

王家玲，李顺鹏，黄正，2014. 环境微生物学［M］.2版. 北京：高等教育出版社.

邢来君，李明春，魏东盛，2010. 普通真菌学［M］. 北京：高等教育出版社.

余展旺，2014. 微生物分离和鉴别［M］. 北京：机械工业出版社.

MICHAEL R G，JOSEPH S.，2013. 分子克隆实验指南［M］. 4版. 黄培堂，译. 北京：科学出版社.

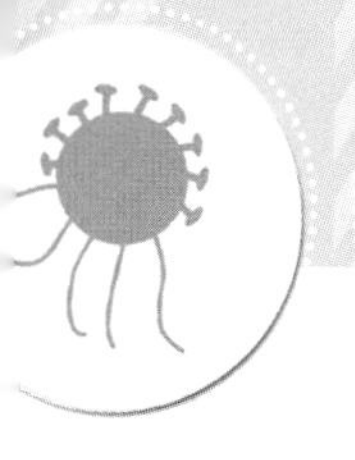

后 记

微生物在群体方面的智慧表现至少不会弱于人类，小觑它们便是对自然和人类自身的不尊重。

探索微生物世界给人们带来的成就感、幸福感和愉悦度远超想象。扫描以下二维码，即得优质微生物资源，定期推送微生物科普知识，健康又有营养哦。

“小屁蛋，爸爸对你的爱胜过对微生物的！”

在微生物科普路上我们会继续前行，真诚欢迎志同道合的企业、团体和个人加入。憧憬未来，希望能有更多、更好的微生物科普动漫、电影（缺男主角的可以找我，哈哈）和书籍问世。

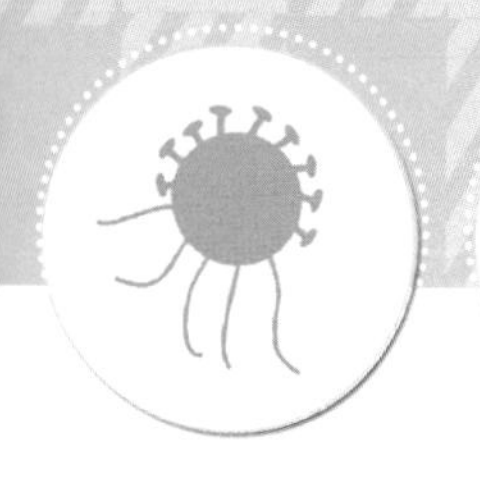

致谢

衷心感谢关心、帮助和支持本书编撰、出版的领导、师长、朋友、编辑、同学和孩子们！感谢浙江省微生物学会和浙江农林大学等单位的支持；感谢浙江大学严杰教授，在您的建议下形成了现在的书名，使得本书增色不少；感谢浙江省高等教育“十三五”第一批教学改革研究项目（基于“拓展资源、网、端”一体化教学资源建设的微生物学类课程改革与实践研究，jg20180169）的支撑，使得本书的出版师出有名。